곤충에게 배우는
생존의 지혜

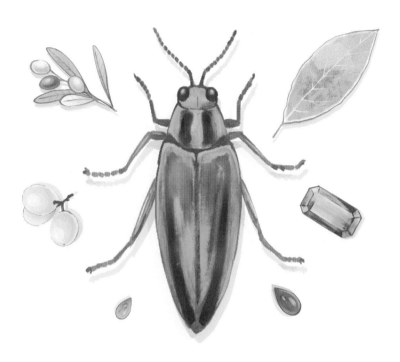

곤충에게 배우는
생존의 지혜

송태준 지음

유아이북스
Ultimate Information

곤충에게 배우는 생존의 지혜

1판 1쇄 인쇄 2020년 12월 5일
1판 1쇄 발행 2020년 12월 10일

지은이 송태준
펴낸이 이윤규

펴낸곳 유아이북스
출판등록 2012년 4월 2일
주소 서울시 용산구 효창원로 64길 6
전화 (02) 704-2521
팩스 (02) 715-3536
이메일 uibooks@uibooks.co.kr

ISBN 979-11-6322-048-0 03490
값 15,000원

이 도서는 한국출판문화산업진흥원의 '2020년 출판콘텐츠 창작 지원 사업'의 일환으로 국민체육진흥기금을 지원받아 제작되었습니다.

머리말

들어가기 전에 흥미로운 문제를 하나 내볼까 합니다. 여러분 앞에는 아주 거대한 시소가 있습니다. 끝이 보이지 않을 만큼 아주 크고 기다란 시소지요. 한쪽에는 지구의 모든 사람이 올라가고, 반대쪽엔 지구의 모든 개미가 올라갑니다. 자, 과연 시소는 어느 쪽으로 기울까요?

정답은 '수평을 이루거나, 개미가 올라간 쪽으로 기운다'입니다. 개미는 비록 사람에 비하면 보잘것없는 크기의 몸집을 가졌지만, 천문학적인 개체 수를 자랑하기 때문이지요. 이렇듯 곤충은 어마어마한 개체 수와 뛰어난 번식력으로 지구상 그 어떤 동물보다 넓은 구역을 장악하고 있습니다. 약 4억 년 전에 처음 자취를 드러낸 이후, 엄청난 진화를 거듭하여 지금까지 살아남았지요. 얼마나 치열하게 진화하였는지 곤충의 종種 수는 오늘날 전체 동물종의 4분의 3이 넘는 비율을 차지하고 있답니다.

곤충은 가볍고 튼튼한 외골격이 주는 뛰어난 내구성, 자유롭게 날아다니는 기동성 그리고 뛰어난 에너지 효율성 덕분에 극한의 환경에서도 무리 없이 살아갑니다. 하지만, 무엇보다 주목할 만한 것이 하나 있죠. 바로 곤충이 가진 특별한 '생존 기술'인데요. 곤충은 집단을 이루고 협력하는 공생, 다른 동물에게 얹혀사는 기생, 지형지물을 이용해 적을 속이는 의태 등 놀라운 생존 기술을 구사합니다. 이처럼 다양한 방법으로 자신들의 물리적 한계를 영리하게 극복하는 것이 곤충이 살아가는 방식이지요.

저는 여러분이 곤충의 외관뿐만 아니라, 사는 방식에도 관심을 두었으면 합니다. 오랜 세월 동안 검증되어 온 그들의 생존 방식은 이 책을 읽는 여러분에게도 특별한 깨달음을 줄 것이 분명하니까요.

곤 충 분 류 표

곤충은 절지동물 가운데 곤충강에 속하는 동물들을 말합니다. 절지동물은 등뼈(척추)가 없고, 딱딱한 몸과 마디가 있는 다리를 가졌지요. 절지동물의 종류에는 곤충류, 거미류, 다지류, 갑각류가 있습니다. 각 절지동물의 차이를 설명하기 위해 곤충과 혼동하기 쉬운 동물들의 이야기도 함께 실어보았습니다.

	몸	다리	날개	호흡	종류
곤충류	머리, 가슴, 배	6개	O	기관(氣管)	잠자리, 파리, 풍뎅이 등
거미류	머리가슴(머리+가슴), 배	8개	X	기관	거미, 전갈 등
갑각류	머리, 가슴, 배(여러마디의 몸통)	여러 개	X	아가미	가재, 게, 콩벌레 등
다지류	머리와 여러마디의 몸통	여러 개	X	기관	지네, 노래기 등

또한 각 곤충별 본문 아래에 있는 〈곤충 박사의 비밀 수첩〉에는 본문에 다 담지 못한 곤충의 신기한 사실들이 정리되어 있으니 꼭 읽어보시길 바랍니다.

머리말 5
곤충 분류표 7

곤충의 가르침 1

머리 잘 배우고, 잘 써먹는 법

개미귀신 – 느리지만 절대 뒤처지지 않는 공부법 14

개미1 – 생각을 정리하는 마인드맵 기법 17

개미2 – 기억력을 높여 주는 복습법 20

거품벌레 – 두려움을 걷어 내는 법 22

군대개미 – 개념 학습의 중요성 25

꿀단지개미 – 저축의 즐거움 28

꿀벌1 – 간단한 정리정돈 노하우 31

덫개미 – 할 일을 미루지 않는 법 34

말벌1 – 나를 움직이는 힘 37

무당벌레 – 시작이 반인 이유 40

물거미 – 성장의 필수 조건, 호기심 43

베짱이 – 게으름을 치료하는 마감일 전략 46

사마귀 – 날카로운 집중력의 비결 49

사슴벌레 – 너 자신을 알라 : 메타 인지 향상법 53

쌍살벌(바다리) – 일의 우선순위를 정하는 비결 56

잎꾼개미 – 쪼갤수록 큰 것을 얻는다 59

잠자리 – 몰입력을 기르는 두 가지 방법 62

곤충 박사의 연구 파일 1 말벌도 벌벌 떨게 만드는 꿀벌의 인해 전술 65

곤충의 가르침 2

가슴 마음을 다스리는 기술

거저리 – 무지는 공포를 낳는다 68

게거미 – 합리적인 판단을 하는 법 70

공벌레 – 예민한 사람들의 특징 73

길앞잡이 – 분노를 다루는 비결 76

꼽등이 – 바른 자세로 앉는 법 79

땅강아지 – 과유불급(過猶不及) 81

모포나비 – 매력을 높이는 옷 입기 노하우 84

물맴이 – 방황을 멈추려면 방향을 정해야 한다 87

바퀴벌레 – 걱정은 바퀴벌레와도 같다 89

부채거미 – 스트레스의 놀라운 효과 93

비단벌레 – 남의 시선을 신경 쓰지 않아도 되는 이유 96

소금쟁이 – 나만의 강점에 집중하라 99

장수풍뎅이 – 잡념을 물리치는 법 102

풀잠자리 – 결핍이 창조를 만든다 105

하루살이 – 과정의 가치 107

호랑나비 – 스트레스에 대항하는 방법 110

곤충 박사의 연구 파일 2 모기의 전염병 공격이 통하지 않는 사람이
있다? 113

곤충의 가르침 3

[다리] 험한 세상 속에서 우뚝 서는 법

가시개미 – 컴퓨터 바이러스를 예방하는 법 116

꿀벌2 – 모든 땀의 무게는 같다 119

노래기 – 고정 관념을 탈피하라 122

대벌레 – 편할수록 편협해진다 125

말벌2 – 여왕벌 리더십의 비결 127

메뚜기 – 사회 초년생의 마음가짐 130

모기 – 보이스 피싱에 대처하는 법 134

불나방 – 자기만의 나침반을 만들어라 137

송장벌레 – 부패하지 말고, 불패(不敗)하라 140

아마존 개미 – 정당한 근로를 위해 알아야 할 조건 142

전갈 – 강점을 더욱 강하게 만들어라 146

제왕나비 – 모든 일에는 때가 있다 149

진딧물 – 윈윈(WIN-WIN)전략 152

코노머마 개미 – 일부 언론이 대중을 속이는 법 155

크랩 거미 – 성공을 위한 최적의 타이밍 157

파리매 – 칼로 흥한 자, 칼로 망한다 160

흰개미 – 권력을 무너뜨리는 힘 162

곤충 박사의 연구 파일 3 일상 속 곤충의 자취 165

곤충의 가르침 4

[더듬이] 직접 느끼며 배우는 관계의 기술

갈고리벌 – 기생충 같은 사람을 조심하는 법 168

검은과부거미 – 은인을 대하는 자세 172

꼴벌3 – 말을 잘하기 위해 가장 필요한 것 175

땅벌 – 열등감을 다스려라 177

말벌3 – 인내하지 말고 이해하라 180

매미 – 타인을 매료하는 말하기 노하우 183

물방개 – 성공을 결정짓는 것 186

반딧불이 – '같이'의 가치 189

베짜기 개미 – 세상에 쓸모없는 사람은 없다 191

쇠똥구리 – 선행은 자신에게 주는 선물이다 194

집게벌레 – 돈이 없어도 남을 돕는 법 197

파리 – 남을 헐뜯는 사람들의 특징 199

폭탄먼지벌레 – 가장 통쾌하게 복수하는 법 201

해골박각시나방 – 가짜 친구를 구별하는 법 204

호랑거미 – 관계 속에서 나를 지키는 법 207

황제 나방 – 무례는 무시로 답하라 211

[곤충 박사의 연구 파일 4] 곤충에게 배우는 삶의 지혜 – 곤충 관련 속담 214

맺음말 217
참고 자료 219

곤충의 가르침 1

머리

잘 배우고, 잘 써먹는 법

개미귀신 | 느리지만 절대 뒤처지지 않는 공부법

　개미귀신은 명주잠자리의 유충을 말합니다. 유충이긴 하지만 '귀신'이라는 이름처럼, 개미들에게 있어서는 공포의 대상이지요. 개미귀신은 눈眼이 성숙하지 않아서 직접 먹이를 찾아다니기보다는 함정을 파놓은 채 먹이가 걸려들기를 기다립니다. 모래 속에 일명 '개미지옥'이라고 불리는 함정을 만들지요. 이 함정의 무시무시한 점은 바로 깔때기처럼 안쪽이 움푹 들어가 있다는 것입니다. 지나가던 개미가 발을 헛디디기라도 하면 개미지옥의 깊숙한 구멍으로 점점 빠져들게 됩니다. 이때, 개미귀신은 모래 밑에 숨어있다가 미끄러지는 개미를 잡아먹지요. 또한 개미귀신은 개미가 탈출할 수 없도록 사정없이 모래를 뿌립니다. 작은 모래 사태를 일으켜서 개미가 발버둥칠수록 더욱 미끄러지게 만들지요. 모래 공세를 이기지 못한 개미는 결국 개미귀신의 밥이 되고 맙니다. 큰 턱에 제압 당한 채로 체액이 빨린 다음 버려지지요. 영리한 개미조차도 개미귀신의 치밀한 함정 앞에서는 속절없이 당하고 맙니다.

나이와 분야에 관계없이, 인생에서 꼭 필요한 것이 바로 공부이지요. 여러분은 살면서 가장 힘들었던 공부가 무엇이었나요? 사실, 저는 학창 시절의 수학 공부가 가장 힘들었습니다. 수학책은 아무리 뚫어져라 쳐다봐도 무얼 보고 있는 건지 감을 잡을 수가 없었지요. 마치 앞을 못 보는 개미귀신처럼 말입니다.

개념 공부를 해야겠다고 마음을 먹었지만, 주어진 시간은 너무나 모자랐습니다. 결국 간단한 개념들만 외워서 '급한 불만 끄자'는 식으로 시험을 치렀지요. 사실, 초반에는 단순 암기식 학습법이 매우 효율적인 것처럼 느껴졌습니다. 공부 시간에 비해 높은 점수를 보장해 주었지요. 하지만 시간이 갈수록 오히려 더 많은 시간을 필요로 한다는 걸 알았습니다. 게다가 단순 암기를 하다 보니, 개념을 조금만 응용하는 문제가 나와도 당황하기 일쑤였습니다. 암기할 양이 점점 많아지다 보니, 오래전에 외웠던 것들은 잊어버리기도 했지요. 당연히 성적은 끝

없이 하향 곡선을 그렸습니다.

저는 이 악순환을 어디서부터 바로 잡아야 할지 막막했습니다. 오랜 고민 끝에, 개념부터 천천히 공부해보기로 다짐했지요. 처음 몇 달 동안은 이렇다 할 성과가 없었습니다. 그런데, 어느 시점부터 점수가 조금씩 오르기 시작했습니다. 성적도 성적이지만, 무엇보다 암기해야 한다는 강박이 사라진 것이 가장 좋았습니다. 이해를 하니 암기할 필요가 없어졌지요.

개미귀신은 깊은 구멍 하나를 완성하고 먹잇감을 기다립니다. 그리고 먹잇감이 걸려들면 끈질기게 모래를 뿌려 사냥을 하지요. 비단 수학뿐만 아니라, 어떤 것이든 효율적으로 배우려면 '이해'가 가장 중요합니다. 우선 개념을 충분히 익힌 뒤, 모르는 부분은 완벽히 알아가기 위해 끈질기게 매달려야 합니다. 여기저기 조금씩 파놓은 모랫구멍으로는 먹잇감을 사냥할 수 없습니다. 깊은 이해가 뒷받침되는 공부만이 달콤한 결실을 가져다줄 수 있답니다.

곤충 박사의 비밀 수첩

- 개미귀신은 항문이 퇴화하여 번데기가 되기 전에, 쌓인 배설물을 모두 배출해냅니다.

#공부법 #지구력 #이해

개미1 | 생각을 정리하는 마인드맵 기법

개미는 군집 생활을 하는 대표적인 곤충입니다. 수많은 개체들이 한데 어울려 살아가는 만큼, 개미집은 매우 체계적인 구조로 지어져 있지요. 여왕개미를 모시는 방부터 애벌레를 키우는 육아방, 수개미가 생활하는 방, 먹이 창고, 심지어는 경비실까지도 마련되어 있습니다. 개미집에 사는 수많은 개미들 중 일개미의 경우, 어릴 때에는 여왕개미와 알을 돌보다가 크면 청소를 합니다. 그리고 어느 정도 성숙해지면 그때서야 먹이를 구하러 밖으로 나가지요.(모든 종에 해당하는 건 아닙니다.) 개미들이 사는 세계에서는 이처럼 효율적인 분업 체계와 그에 맞는 방의 구조 덕분에 수많은 개미가 순조롭게 움직일 수 있답니다.

혹시 마인드맵mind map 기법을 사용해 본 적이 있으신가요? 마인드 맵은 '생각의 지도'라는 뜻처럼, 정보를 시각화하여 보기 좋게 정리하는 기법입니다. 이를 이용해 정보를 정리하면, 단순히 글로 적는 방법보다 뇌를 훨씬 균형적으로 쓸 수 있지요. 이미지 처리 기능이 뛰어난 우뇌를 보다 적극적으로 활용하기 때문입니다.

마인드맵을 시작하기 위해서는 우선 중심 화제부터 정해야 합니다. 가장 핵심적인 개념을 찾아 중앙의 원에 써넣으세요. 그리고 중심에서부터 차근차근 가지를 뻗어, 핵심 개념에서 파생되는 정보들을 씁니다. 이렇게 각 개념의 연결 관계를 생각하며, 신중하게 가지를 뻗어 나가면 마인드맵이 완성됩니다. 한 가지 재밌는 점은, 완성된 마인드맵의 모양이 개미집을 연상케 한다는 것입니다. 가지가 뻗어 나간 모양도 모양이지만, 뛰어난 효율성까지도 개미집을 꼭 닮았습니다. 마인드맵은 짧은 시간 안에 정보를 파악할 수 있고, 필기 공간도 효율적으로 사용할 수 있지요. 게다가 생각을 정리하는 것뿐만 아니라, 생각을 창조하고 확장하는데에도 도움이 됩니다. 정보가 유기적으로 연결되어 있다 보니 줄거리를 기준 삼아 기억하기도 쉽지요.

개미의 능률적인 생활을 위해서는 잘 설계된 개미집이 필요하듯, 우리도 능률적인 삶을 살기 위해서는 마인드맵을 통해 필요한 정보를 정리해야 할 것입니다. 혹시 마인드맵 기법이 아직 서툴다면, 익숙해질 때까지 간단한 주제들로 연습해 보세요.

곤충 박사의 비밀 수첩

- 개미는 몸 바깥의 외골격을 통해 호흡합니다. 그 덕분에 비가 올 때 기압이 낮아지는 현상을 예리하게 파악할 수 있지요. 실제로 개미는 비가 오기 전 개미집 입구의 담을 높게 쌓아 빗물이 들어오는 걸 막는답니다.

#정보처리 #마인드맵 #기억

개미2 | 기억력을 높여 주는 복습법

여기, 많은 양의 먹이를 발견한 개미 한 마리가 축 늘어진 채 꼬리를 질질 끌며 집으로 돌아옵니다. 먹이를 모두 가져오지 못해 아쉬워서 일까요? 그런데 잠시 후, 놀라운 일이 벌어집니다. 먹이의 위치를 어떻게 알았는지, 다른 일개미들이 차례차례 남은 먹이를 가져오고 있네요.

어떻게 이런 일이 일어날 수 있냐고요? 바로 개미의 분비샘에서 나오는 페로몬pheromone 덕분에 가능한 일입니다. 먹이를 발견한 개미가 꼬리를 땅에 끌면서 돌아온 이유는 페로몬으로 길을 알려주기 위해서였지요. 다른 일개미들은 표시된 페로몬 길을 따라가 먹이를 찾을 수 있었던 것입니다. 한 가지 더 놀라운 사실은 옮겨야 할 먹이가 사라지면 행렬도 끊긴다는 겁니다. 페로몬은 공기 중으로 흩어지는 성질이 강한데요. 만약 먹이가 모두 떨어지면, 개미들이 페로몬 분비를 멈추어서 이내 길이 사라집니다. 그 덕택에 개미들은 좀처럼 헛걸음하는 일이 없지요.

쓸수록 유지되고, 쓰지 않으면 금방 사라지는 것은 무엇일까요? 답은 '페로몬'이기도 하고 '기억'이기도 합니다. 우리의 기억은 페로몬처럼 쓰면 쓸수록 강화되고, 더 이상 쓰지 않으면 가차없이 사라져버리지요. 그렇기 때문에, 오래도록 기억하기 위해서는 복습을 자주 해야 합니다.

독일의 심리학자 헤르만 에빙하우스의 실험에 의하면, 우리는 학습 이후 불과 한 시간 만에 학습 내용의 반 이상을 잊어버린다고 합니다. 아무런 복습을 거치지 않으면 다음 날엔 70퍼센트를 잊고, 한 달이 지나면 무려 80퍼센트를 망각하지요. 하지만, 복습을 거듭할수록 망각하는 속도는 눈에 띄게 줄어듭니다. 꼭 매일매일이 아니라 학습 직후로부터 하루, 일주일, 한 달 간격으로만 복습해도 오랫동안 기억되었지요.

복습은 빈도만큼이나 방법도 매우 중요합니다. 정보를 읽기만 하면 기억에 오래 남기 어렵습니다. 시험이나 토론 등을 통해 머릿속의 정보를 인출하는 과정을 거쳐야 효과적으로 기억되지요. 저의 경험상, 가장 좋았던 방법은 바로 '과외하기'입니다. 일반적인 방법은 복습이 정말 잘되었는지 확인하기가 힘듭니다. 하지만 과외는 청자를 이해시킨다면 복습에 성공한 것이나 다름없기에 확실한 성취도를 얻을 수 있습니다. 또한 내용을 설명하기 위해 정보를 일목요연하게 요약해야 하지요. 이 과정 때문에 가르치는 사람이 오히려 더 깊은 깨달음을 경험하곤 합니다. 무엇보다 좋은 점은 다른 이와 함께 공부할 수 있어 지루하지 않다는 것입니다.

물론, 이 방법이 누구에게나 최상의 효과를 끌어내리란 보장은 없습니다. 본인만의 특별한 방법을 찾되, 요약을 거듭하여 점차 복습 시간을 단축하세요. 정보라는 먹이를 온전히 여러분의 것으로 만들 때까지 부단히 노력하는 것이 중요합니다.

#기억 #복습 #공부법

거품벌레 | 두려움을 걷어 내는 법

거품벌레는 거품을 만드는 재주가 있습니다. 몸에서 나온 물질로 많은 양의 거품을 만들어 온몸에 두르지요. 거품 속에 흠뻑 묻혀 있는 모습은 마치 거품 목욕을 하는 것처럼 보이기도 합니다. 거품벌레가 거품을 이용해 몸을 숨기는 이유는 바로 천적들의 위협에서 벗어나기 위해서인데요. 거품을 두르면 몸통이 가려서 잘 보이지도 않을뿐더러, 이상한 느낌을 주어 천적들의 식욕을 떨어뜨리지요. 이렇게 거품 속에 숨는 것을 좋아하긴 하지만, 거품벌레가 그리 둔한 곤충은 아닙니다. 어떨 때는 자기 몸길이의 수십 배를 가뿐히 뛰어오를 만큼 날쌘 몸놀림을 자랑하지요. 단, 거품에 몸이 젖어 있을 때는 몸짓이 아주 둔해지기도 합니다.

인간은 포식자에게 생명을 위협 받지는 않습니다. 그래도 이에 못지 않게 다양한 두려움을 느끼며 살지요. 두려움에 사로잡히면, 거품벌레처럼 자신만의 공간 속에 숨어 버리기도 합니다. 하지만 우리는 거품벌레가 아닙니다. 거품벌레는 잠깐 숨으면 포식자의 위협에서 벗어날 수 있지만, 우리가 가진 삶의 문제는 숨는다고 해결되지 않지요. 오히려 더 심각해지곤 합니다.

두려움을 해결하려면 어떻게 해야 할까요? 당연한 말일지 모르지만, 문제 해결을 위해서는 두려움을 직시해야 합니다. 우리 뇌가 두려움에 익숙해지도록 만들어야 합니다. 두려움은 뇌의 편도체라는 부위에서 담당하는데, 편도체는 이성적인 사고에 매우 서투릅니다. 위험한 상황에서 신속하게 반응하려면, 생각 대신 감정이 빠르고 효과적이기 때문이지요.

편도체를 달래는 방법에는 두 가지가 있습니다. 하나는 두려움을 이성적으로 분석하여 두려워할 필요가 없음을 인지하는 것입니다. 설사 정말 위험한 상황일지라도 안전한 해결 방법을 생각하며 두려움을 가라앉히는 것이지요. 두 번째는 두려움에 둔감해지는 것입니다. 두려움을 조금씩 접하면서 점점 익숙해지는 것이지요. 마치 자전거를 처음 배울 때는 넘어질까봐 무섭지만, 누군가의 도움을 받으며 점점 익숙해지듯이 말입니다. 거품벌레의 거품집처럼 자신에게 형성된 안전지대를 조금씩 걷어내야 합니다.

두려움을 처음 마주하는 건 당연히 힘들 것입니다. 거품에 젖어 느릿한 거품벌레처럼 두려움을 완전히 걷어 내기 전까지는 몸과 마음이 제대로 움직이지 않겠지요. 그럼에도 포기하지 않고 꾸준히 맞서다 보면, 분명 엄청난 도약이 가능해질 것입니다.

곤충 박사의 비밀 수첩

- 거품벌레는 번데기 과정 대신 탈피 과정을 거쳐 어른벌레로 자라납니다.

#두려움 #극복

군대개미 | 개념 학습의 중요성

　군대개미는 그 이름에서 느낄 수 있듯, 엄청난 전투력으로 악명이 높습니다. 이들은 한곳에 정착하지 않고, 유랑하는 생활 방식을 고수합니다. 한 군체마다 무려 수백만 마리의 군대개미가 질서를 이루며 생활하지요. 이렇게 많은 개체는 모두 각자의 생김새에 맞게 일을 나누어 맡습니다.

　예를 들면, 몸집이 가장 큰 병정개미는 무리의 바깥쪽에서 대열을 지키는 데 힘을 쏟습니다. 그 외 다른 개미들도 마찬가지로 생김새에 따라 사냥을 하거나 먹이를 운반하지요. 이들은 매우 느리게 이동하지만, 막대한 규모와 효과적인 분업 체계 덕분에 적이나 지형지물에 져서 후퇴하는 일이 드뭅니다. 심지어 길이 끊기더라도, 서로의 몸을 엮어

다리를 만들어 건너기도 하지요. 실로 놀라운 조직력입니다.

군대개미의 생활 방식은 효율적인 공부법과도 상통합니다. 군대개미는 어떠한 적을 만나도 흩어지지 않고 대열을 맞추어 대항합니다. 여러분은 어떤 것을 배울 때, 어려운 내용을 접하면 어떻게 대응하나요? 종종 집중력이 흐트러지는 경험을 하지는 않나요? 많은 사람들이 이런 상황에 부딪히면, 과정은 건너뛰고 답을 맞히는 데 혈안이 됩니다. 그래서 내용을 이해하기보다는 외우려고만 하지요. 하지만 개념을 이해하는 과정이 소홀해지면, 조금만 수준이 올라가도 진도를 따라잡지 못하는 불상사를 겪게 됩니다. 넉넉지 않은 시간 때문에 어쩔 수 없더라도, 애초에 개념을 잘 다지지 않으면 갈수록 더 많은 시간을 허비하게됩니다. 이는 어떤 분야의 공부든 마찬가지지요.

개념을 안다는 것은 단순히 이해하는 걸 넘어, 자유롭게 응용할 수 있는 수준을 말합니다. 마치 군대개미가 다리를 놓듯이, 기존의 지식을 조합하여 자신만의 새로운 방법들을 구축하는 것이지요. 이 정도 경지에 이르기 위해서는 점수 보기를 돌같이 해야 합니다. 점수에 얽매여 급급히 따라가다 보면, 맘 편히 공부에 집중할 수 없겠지요.

수능 시험, 자격증 시험, 임용 시험 등 우리는 살면서 많은 시험을 치릅니다. 시험의 결과가 어떻게 나오든, 최대한 의식하지 말고 공부하세요. 그리고 개념에 어느 정도 익숙해졌다면, 그동안 습득한 지식들을 다양한 방법으로 응용해 보세요. 실생활과 관련해 스스로 문제를 만들어 보아도 좋습니다. 이처럼 실질적인 문제를 해결하다 보면 서서히 공부가 재밌어집니다. 마치 둥지 없이 유랑하는 군대개미처럼, 항상 새로운 지식을 찾아 탐험하는 자기 주도적 학습 태도가 형성되는 것입니다.

여러분이라면 어렵지 않을 거예요. 왜냐하면 여러분은 이미 군대개미보다 월등히 뛰어난 '조직'을 가졌기 때문이지요. 여러분이 항상 조종하는 것, 140억 개의 세포로 구성된 압도적인 규모의 신체 조직인 '뇌'가 바로 그 정체입니다. 우리의 뇌는 그 한계를 감히 규정할 수 없을 만큼 뛰어난 능률을 자랑하지요. 그러니 스스로의 역량을 믿고, 찬찬히 기초부터 배우는 즐거움에 빠져보시길 바랍니다.

곤충 박사의 비밀 수첩

- 군대개미는 가만히 있는 물체를 알아보지 못합니다. 그러니 만약 군대개미에게 포위된다면, 꼼짝 말고 가만히 있으세요.
- 어떤 원주민들은 찢어진 상처를 봉합하기 위해 군대개미의 턱을 이용합니다. 한번 물면 놓지 않는 습성 때문에 상처가 벌어지지 않게 단단히 여밀 수 있지요.

#공부 #응용력 #자기주도적학습

꿀단지 개미 | 저축의 즐거움

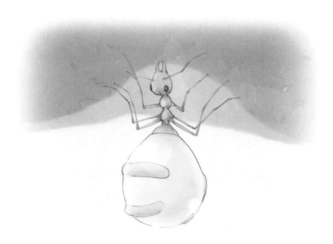

　　많은 생물은 만일에 대비해 다양한 방법으로 식량을 저장합니다. 그 중에서도 꿀단지 개미의 저장 방식이 가장 특이하지 않을까 싶은데요. 꿀단지 개미는 다름 아닌 동료의 몸속에 먹이를 보관합니다. 몸집이 큰 개미가 천장에 거꾸로 매달리면 동료들이 꿀을 가져다주지요. 큰 개미 는 꿀을 받아서 뱃속에 저장합니다. 꿀을 많이 저장할수록 큰 개미의 배는 점점 꿀단지처럼 불어나는데요. 이렇게 저장한 꿀은 식량이 부족 할 때 요긴하게 쓰인답니다.

　　저축은 안정된 삶을 위해 꼭 필요한 습관입니다. 얼마를 버느냐도 중요하지만, 결국 얼마를 아끼느냐가 생존의 관건이지요. 하지만 무조건 절약하는 것만이 현명한 방법은 아닙니다. 본인의 소비 패턴을 파악하고 그에 맞게 저축 금액을 조율해나가는 것이 좋지요. 현명한 절약을 하려면, 지출을 낱낱이 기록하는 습관을 들여 돈의 흐름을 모두 파악해야 합니다.

소비 패턴이 파악되었다면, 이를 기준 삼아 예산을 설정하면 된답니다. 수입 중에 얼마를 지출하고 또 얼마를 저축하면 좋을지 계획을 세우는 것이지요. 쓰임에 따라 통장을 여러 개 개설하는 것도 낭비를 막는 방법입니다. 일반적으로 수입 통장, 생활비 통장, 비상금 통장까지 총 세 가지만 만들어도 충분합니다. 수입 통장은 말 그대로 수입이 들어오는 통장입니다. 여기서는 고정적인 지출(공과금 등)이 먼저 빠져나가도록 설정하세요. 저축할 금액도 미리 빼놓으면 좋습니다. 그리고 남는 금액을 생활비 통장으로 옮기는 겁니다. 생활비는 쓰다 보면 정해놓은 기준을 초과할 위험이 있으므로, 꼭 필요한 지출을 먼저 처리하는 것이 좋습니다.

저축 이야기가 나왔지만, 사실 급선무는 비상금을 확보해두는 것입니다. 만약 돌발 상황이 일어났을 때 여윳돈이 없다면 상당히 곤란할 테니까요. 비상금이 없으면 예·적금을 해지하고 돈을 찾아도 됩니다. 하지만 이렇게 되면 온전한 이자를 받을 수가 없는데다가, 필요 이상의 돈을 찾게 될 수도 있지요. 그러니 비상금을 확보해 두지 않았다면, 고정 지출과 생활비를 제외한 금액을 비상금 통장으로 먼저 옮겨 두는 게 바람직합니다. 적절한 비상금의 액수는 보통 월급의 세 배라고 합니다. 이는 형편에 따라 스스로 정해보아도 좋습니다. 비상금을 모았다면, 이제 마음 놓고 저축을 시작하세요. 저축을 도와주는 은행의 금융 상품에는 크게 두 종류가 있습니다. 한번에 많은 돈을 맡기는 예금과, 여러 차례에 걸쳐 맡기는 적금이 있지요. 예금은 적금보다 높은 수익을 보장하는 대신, 얼마간 돈을 인출할 수 없다는 단점이 있습니다. 그렇기에 우선 적금으로 돈을 불린 다음, 예금으로 옮겨 저축하는 게 바람직합니다.

여기까지 저축 방법에 대해 간단히 알아보았습니다. 솔직히 말하자면, 과거의 저는 저축을 먼 훗날의 일로만 생각했었습니다. 경제적인 목표가 너무 컸던 바람에 용돈을 모으는 과정이 다소 초라하게 느껴졌던 것이지요. 하지만 이제는 깨달았습니다. 저축은 당장 눈에 보이는 돈뿐만 아니라, 보이지 않는 가치들을 더 많이 모아준다는 사실을요. 아끼기 위해 일상의 즐거움을 포기한다는 억울함보다는, 아낌으로써 가진 것들이 더욱 소중해진다는 느낌을 받았습니다. 특히 아껴둔 돈으로 남을 도와줄 때에는 이루 말할 수 없이 행복했습니다. 허기진 동료에게 꿀을 건네는 꿀단지 개미도 같은 마음이지 않을까요? 부디 금액에 개의치 말고 저축을 시작하길 바랍니다. 그게 얼마가 되었든 그 이상의 즐거움을 누릴 수 있을 것입니다.

#저축 #금융 #경제

꿀벌1 | 간단한 정리정돈 노하우

꿀벌을 비롯한 많은 벌들은 육각형 구조의 집을 짓습니다. 나무 밑이나 땅속처럼, 각자 사는 장소는 다를지라도 벌집의 모양은 비슷하지요. 왜 벌들은 수많은 도형 중에 하필이면 육각형을 고집하는 걸까요? 육각형 구조의 벌집은 다음과 같은 장점이 있습니다.

우선, 공간을 최대한으로 활용할 수 있습니다. 그리고 방과 방 사이에 빈틈이 없어 바람이 차단되기 때문에, 열을 보존하는 데에도 효과적입니다. 또한 같은 양의 재료로 가장 넓고 효율적인 공간을 창출할 수 있지요. 게다가 외부의 충격을 골고루 분산시키는 튼튼한 내구성도 지녔습니다. 정말 알면 알수록 놀라운 곤충이 바로 벌이지요.

우리는 비록 육각형은 아니지만, 튼튼한 사각형의 방에 삽니다. 하지만 벌처럼 더욱 효율적으로 공간을 사용하기 위해서는 정리가 필요합니다. 정리를 잘하려면 먼저 물건을 버리는 것에 과감해져야 하지요. 한정된 공간을 넉넉하게 쓰고 싶다면, 들여오는 물건만큼 버리는 물건도 있어야 합니다. 당장 버리기 힘들다면 우선 창고에 보관해 두세요. 그리고 일정 기간이 지나도 쓸모가 없다면, 그때는 확실히 처분하세요. 만약 버리기 아까운 물건이라면 온·오프라인에 형성된 중고 장터에 판매하는 것도 좋습니다. 보통은 이렇게 쓸모없는 물건을 버리기만 해도 공간이 매우 널찍해진답니다.

이제 버리고 남은 물건을 정리할 차례인데요. 물건을 옮기기에 앞서, 대략적인 배치도를 그려보세요. 겉보기에 치중하기보다는 벌집처럼 실용적으로 물건을 배치할 수 있도록 말입니다. 자주 사용하는 물건은 손이 닿는 위치에 놓고, 그렇지 않은 물건은 수납 용품을 이용하여 따로 보관하는 게 좋습니다. 쓰임새가 비슷한 물건끼리 묶어놓으면 훨씬 찾기가 편하겠지요.

그런데 여기서 주의해야 할 점은, 수납공간을 모두 써버리지 않는 것입니다. 수납공간이 가득 차 있으면 새로운 물건이 들어올 때마다 다시 정리를 해야 하기 때문이지요. 여기까지 잘 정리했다면, 이제는 깔끔한 상태를 유지하는 데 힘써야 합니다. 물건을 살 때는 꼭 수납 공간을 고려하여 구매하세요. 그리고 일벌의 부지런한 마음가짐으로, 조금만 어질러져 있어도 바로바로 청소하는 습관을 들여 보세요. 정리는 결코 귀찮은 일이 아닙니다. 정리는 물건을 치우는 동시에, 어지러진 마음을 정돈하고 자신만의 평화를 개척하는 기분 좋은 일이랍니다.

#정리 #분류 #공간활용

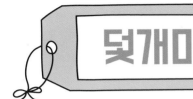

덫개미 | 할 일을 미루지 않는 법

무리 지어 생활하는 곤충을 떠올려 보면 가장 먼저 생각나는 존재가 있습니다. 바로 개미인데요. 특히, 몸집이 작은 개미는 사냥할 때 집단의 힘을 발휘합니다. 그러나 여기에는 예외도 있습니다. 다른 개미와는 달리, 덫개미라는 종은 혼자서 사냥을 강행하지요. 그런데 혼자가 조금은 두려운 것인지, 덫개미는 주로 숨어있다가 먹잇감을 기습하는 방식으로 사냥합니다. 기습이라고 해서 조용히 접근하여 사냥하는 방식은 아닙니다. 적당한 위치에서 턱을 벌린 채로 먹이가 올 때까지 가만히 기다리는 것이지요.

덫개미의 턱 주변에는 민감한 털이 달려있는데, 먹잇감이 이 털을 건드리는 순간, 덫개미는 쏜살같이 턱을 닫아 먹잇감을 제압합니다. 미국 스미스소니언 연구소의 연구 결과에 의하면, 덫개미가 턱을 닫는 속도는 우리가 눈을 깜빡이는 것보다 무려 수백 배나 빠르다고 합니다. 그런 덫개미의 털을 건드린 이상, 공격을 피하는 것은 불가능하다고 봐야겠지요. 물론 빠른 속도로 문다고 해서 모든 곤충을 사냥할 수 있는 건 아닙니다. 그래서 덫개미는 한번에 턱으로 움켜쥘 수 있는 작고 연한 곤충을 선호하지요.

우스갯소리로, 세상에서 가장 긴 여정은 머리에서부터 손까지라고 합니다. 그만큼 생각한 것이 행동으로 옮겨지는 데에는 많은 어려움이 따르지요. 일상 속에 주어진 기회들을 모두 잘 낚아채고 싶으신가요? 그렇다면 덫개미의 사냥 비결에 주목해주세요. 덫개미는 기회가 오기 전까지는 마음대로 행동하고픈 욕구를 절제하는 한편, 찾아온 기회를 잡는 데엔 주저하지 않습니다. 가만히 있다가도 눈 깜짝할 새 먹이를 낚아채지요. 이처럼 기회를 잘 잡기 위해서는 뛰어난 인내심과 실행력을 모두 겸비해야 합니다. 이 두 가지 요소는 아래의 훈련을 통해 기를 수 있습니다.

그 정체는 이름하여 '스톱워치 훈련법'인데요. 스톱워치 훈련법은 스스로 제한 시간을 정하고, 그 안에 무조건 행동하도록 노력하는 방법입니다. 이 방법은 《5초의 법칙》 저자인 멜 로빈스에 의해 널리 알려지기도 하였습니다. 그녀 또한 이 방법을 통해 무기력한 삶에서 완전히 벗어나게 되었지요.

해야할 일 앞에서 우리가 우물쭈물하는 이유는 무엇일까요? 그것은 바로 우리 뇌가 행동을 저지하려는 변명을 생각해내기 때문입니다. 그 때문에 시간이 흐를수록 의지가 점점 감소하지요. 이러한 변명의 여지를 주지 않으려면, 시간을 세고 바로 행동을 취해야 합니다. 하기 싫다는 마음은 접어두고, 잠깐이라도 인내심을 발휘하여 일단 시작하고 나면 행동은 한결 수월해진답니다.

스톱워치 훈련법은 활용할 수 있는 범위가 무한합니다. 아침에 일찍 일어나는 것뿐만 아니라, 좋아하는 사람에게 고백하는 것처럼 큰 용기가 필요한 일에도 요긴하게 쓰이지요. 우선은 간단한 일들부터 시작해보세요. 작은 먹이들이 뎇개미의 생존을 결정짓듯이, 간단한 일부터 해결하여 성취감을 얻고 그것을 바탕으로 더 큰 일에 도전해 보세요.

#실행력 #시간 #기회

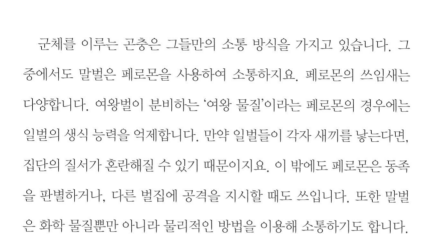

말벌1 | 나를 움직이는 힘

군체를 이루는 곤충은 그들만의 소통 방식을 가지고 있습니다. 그 중에서도 말벌은 페로몬을 사용하여 소통하지요. 페로몬의 쓰임새는 다양합니다. 여왕벌이 분비하는 '여왕 물질'이라는 페로몬의 경우에는 일벌의 생식 능력을 억제합니다. 만약 일벌들이 각자 새끼를 낳는다면, 집단의 질서가 혼란해질 수 있기 때문이지요. 이 밖에도 페로몬은 동족을 판별하거나, 다른 벌집에 공격을 지시할 때도 쓰입니다. 또한 말벌은 화학 물질뿐만 아니라 물리적인 방법을 이용해 소통하기도 합니다. 한 가지 예시로, 말벌 애벌레는 배가 고플 때 벌집의 벽을 긁어서 먹이를 요구합니다. 일벌들은 애벌레가 주는 자극을 감지하고, 곧바로 먹이를 구하러 나가지요. 이처럼 정교하고 확실한 소통 방식은 말벌들의 사명감을 견고히 하는 데 도움을 줍니다.

인간을 위협할 만한 곤충의 능력이 하나 있다면, 무엇보다 뛰어난 조직력이라고 생각합니다. 곤충은 수많은 개체가 매일 똑같은 일을 반복하며 살지만, 어느 하나 불평하지 않지요. 말벌 또한 그렇습니다. 한 마리로도 이미 곤충계에서 내로라하는 강자지만, 군체를 이루어 더욱 더 강한 영향력을 행사합니다. 과연 이토록 강력한 말벌이 집단생활을 유지할 수 있는 비결은 무엇일까요? 그건 바로 효과적인 동기 부여가 아닐까 싶습니다. 여러분은 몰랐겠지만, 알고 보면 말벌들은 저마다 충만한 동기를 가지고 산답니다.

　말벌 군체처럼 집단이 활력 있게 돌아가기 위해서는, 리더만큼이나 구성원들의 열의도 중요합니다. 특히 리더는 구성원들의 열의를 북돋아 주기 위해 다양한 동기를 자극할 필요가 있지요. 열의를 부르는 동기는 크게 '직접 동기'와 '간접 동기'로 나뉩니다. 직접 동기는 직접 하고 싶은 마음이 들게 하는 동기입니다. 주로 중요하거나 재밌는 일을 할 때 느끼지요. 마치 말벌이 번식이라는 목표를 위해 열심히 일하는 경우와 비슷합니다. 배고픈 애벌레를 위해 먹이를 구하러 나가는 경우도 마찬가지로 직접 동기에 해당하지요.

　간접 동기는 경제적인 어려움이나 심리적인 압박 등 강제적으로 하도록 만드는 동기입니다. 여왕 물질에 의해 조종당하는 일벌들을 간접 동기의 예시로 볼 수 있지요. 하지만 간접 동기는 효력이 그리 오래가지 않는다는 치명적인 단점이 있습니다. 여왕의 페로몬이 약해지면 일벌들이 말을 듣지 않는 것처럼요. 그래서 간접동기는 장기적인 일보다 단기적인 일에 더욱 효과를 발휘합니다. 단기적인 일 중에도 단순 업무에 적합하지요.
　이렇듯 직접 동기와 간접 동기는 구성원에게 일을 할 수 있는 원동력을 제공하여, 집단이 차질 없이 운영되도록 합니다. 사람마다 생각이 다르겠지만, 만약 둘 중 하나만 선택할 수 있다면 아무래도 직접 동기가 좋겠지요. 의미 있고 재밌는 일을 자유롭게 할 수 있다면 정말 행복할테니까요. 지금 여러분은 어떤 동기를 품고 있나요?

곤충 박사의 비밀 수첩

- 말벌 애벌레는 육식성입니다. 그래서 일벌은 잡은 먹잇감을 경단처럼 잘게 다져서 애벌레에게 줍니다. 말벌 성충은 오히려 액체로 된 먹이(수액, 꿀 등)를 섭취하지요.

- 먹이를 구하기 힘들 땐 일벌들이 애벌레의 몸에서 영양소를 빨아내어 섭취하기도 합니다.

- 말벌은 죽은 동물들을 청소하거나 나방, 애벌레 등을 잡아먹으며 자연 속 해충의 균형을 맞춰 줍니다. 더불어 꿀벌처럼 꽃가루를 옮겨주기도 하지요.

- 말벌은 나무껍질을 갉아서 자신의 체액과 섞은 다음, 집을 만드는 재료로 사용합니다.

#업무환경 #직접동기 #간접동기 #집단

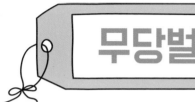

무당벌레 | 시작이 반인 이유

무당벌레는 예로부터 전 세계적인 인기를 누려온 곤충입니다. 무당의 옷처럼 알록달록한 무늬에, 앙증맞은 외모를 가지고 있어 어린아이들에게도 인기가 좋지요. 게다가 해충을 잡아먹기 때문에 농부들에겐 특히 고마운 존재입니다.

무당벌레는 대표적인 해충인 진딧물을 가장 좋아합니다. 진딧물은 식물의 진액을 빨아먹을 뿐 아니라, 배설물을 통해서도 식물을 병들게 만들지요. 무당벌레는 부화한 직후부터 닥치는 대로 진딧물을 사냥합니다. 자기 몸무게를 훌쩍 넘는 수십 마리의 진딧물을 매일 가차없이 먹어치우지요. 무당벌레가 이처럼 많은 진딧물을 사냥하는 비결은 신기한 본능에 있습니다.

무당벌레는 높은 곳으로 기어오르려는 독특한 본능이 있는데요. 그 덕에 식물의 연한 윗부분을 선호하는 진딧물을 간단하게 찾아낸 후, 먹이로 삼을 수 있습니다. 진딧물에게는 이렇게 무자비한 포식자의 모습을 보여주는 무당벌레지만, 한편으로는 수많은 천적에게 목숨을 위협받기도 합니다. 이때 무당벌레는 근면한 곤충답게, 다양한 방법을 사용해 천적에 대항하는데요. 먼저 화려한 겉모습으로 천적에게 경고합니다. 알록달록한 무늬는 마치 맹독이 있는 듯한 착각을 일으켜, 사냥을 꺼리게 만들지요. 때로는 쓰디쓴 보호액을 분비하여 천적의 입맛을 달아나게 합니다. 이도 저도 아닐 땐 죽은 척으로 위기를 모면하기도 하지요.

무당벌레가 매일같이 수십 마리의 진딧물을 사냥하듯, 우리도 매일 많은 일을 처리합니다. 많은 사람들이 '시작이 반이다'라는 속담을 알고는 있지만, 실천하는 것은 어려워 합니다. 그래서 시작하는 데 상당한 시간을 낭비하지요. 쉬운 일은 쉬워서, 어려운 일은 어려워서 미루고는 합니다. 이러한 게으름을 해결하는 방법을 인간의 심리 작용에서 한번 찾아볼까 합니다.

우리 뇌는 모순적인 상황을 싫어합니다. 생각과 행동이 다른 상황,

즉 '인지 부조화' 상태를 겪으면 서둘러 상황을 통일시키려고 하지요. 그렇기 때문에, 하기 싫은 일이라도 이미 하는 상황을 연출한다면 뇌가 저절로 행동을 정당화하기 시작합니다. 일의 중요성이 클수록 더 강력한 정당화가 이루어지지요. 일에 대한 거부감은 처음에 극에 달하다가 점점 줄어들게 됩니다. 일에 어느 정도 관성이 붙게 되면 도리어 중간에 포기하는 게 더 어려워지지요.

여러분이 어떤 직업이든 간에 달갑지 않은 일들은 매일같이 주어질 것입니다. 부디 주어진 소중한 시간을 의미 없는 행동으로 소비하며 자책감에 시달리지 마세요. 앞으로는 높은 곳을 찾아 기어오르는 무당벌레처럼, 일단 시작하고 보는 습관을 들이세요.

곤충 박사의 비밀 수첩

- 무당벌레는 번데기 상태에서도 움직일 수 있습니다.
- 무당벌레는 어른벌레인 상태로 무리 지어 겨울잠을 잡니다.
- 대부분은 육식이지만, 식물을 섭취하는 초식성 무당벌레도 있습니다. 해충인 무당벌레도 있는 셈이지요.
- 무당벌레 애벌레는 먹이가 부족하면 서로 잡아먹기도 합니다.

#게으름 #실행력 #인지부조화

물거미 | 성장의 필수 조건, 호기심

　물속에서 사는 거미를 본 적 있나요? 먹이를 쫓거나 천적에게 쫓겨서 물에 들어가는 게 아니라, 아예 물속에 집을 짓고 사는 거미 말입니다. 물거미는 거미류 중에 유일하게 수중 생활이 가능합니다. 하지만 모순적이게도 수중 생활에 불리한 호흡계를 가지고 있답니다. 물거미는 땅에 사는 거미들과 비슷한 호흡계를 가졌지만, 공기 방울을 달고 호흡함으로써 원래의 단점을 극복합니다. 만약 물 밖으로 이동할 일이 있을 때에는 수면과 지면을 연결한 거미줄 한 가닥을 타고 사뿐히 오르락내리락하지요.

또한 물거미는 수면 가까이에 있는 지면이나 풀에 공기 방울을 이어 붙여 집을 짓습니다. 이렇게 힘들게 지은 집인 만큼 애착이 크기 때문일까요? 물거미는 모든 식사를 집 안에서만 해결합니다. 아무리 맛있는 먹이가 앞에 있어도, 만약 집이 없다면 우선 공기주머니 집을 짓는 데 전념하지요. 그렇게 지어진 집에서 암컷과 수컷이 같이 살며 사냥과 산란, 육아를 함께합니다. 보통 거미류 곤충은 혼자 육아를 도맡는데 반해, 물거미는 매우 뛰어난 사회성을 보인답니다.

하고 싶은 일이 있다는 건 그 자체로 복입니다. 나아가 원하는 일을 하고 있다면 그야말로 축복이 따로 없지요. 하고 싶은 일을 좇다 보면 우리는 '호기심'과 친해집니다. 더 잘하고픈 맘에 자연스레 호기심이 떠오르지요. 이러한 호기심의 욕구는 물거미에게 있어 공기 방울과도 같은 존재입니다. 공기 방울이 없으면 물거미가 살 수 없듯이, 호기심이 없는 직업 생활 또한 가망이 없지요. 어디서든 끊임없이 생성되는 공기 방울처럼, 지속적인 물음과 배움이 이어져야 우리는 생기있게 일할 수 있습니다. 게다가 공기를 머금은 물거미처럼, 배움에 대한 열망을 지니고 있으면, 그래도 최악의 상황은 면할 수 있지요. 예기치 못한 실패의 소용돌이를 만나도 배움의 열망이 들끓는다면 이내 실패를 분석하고 극복해낼 테니까요.

정형화된 세상의 틀을 벗어나, 스스로가 원하는 일을 해 나가는 것은 팔이 여덟 개라도 모자랄 만큼 힘든 일입니다. 그저 꾸준함으로 승부하는 방법밖에 없지요. 작은 공기 방울이 모이고 모여 넉넉한 거미집이 되듯이, 작지만 열정 가득한 여러분의 호기심은 머지않아 커다란 꿈으로 탄생할 것입니다.

곤충 박사의 비밀 수첩

- 물거미의 거미줄은 일반적인 거미줄에 비해 탄력과 신축성이 좋아 물에 잘 녹지 않고 튼튼합니다.

- 물거미의 집은 공기로 채워졌기 때문에, 너무 크면 부력에 의해 물 위로 뜰 수 있습니다.

- 물거미는 강한 물살에 집이 떠내려가는 걸 막기 위해 유속이 약한 곳에 집을 짓습니다.

- 물거미는 체내에서 분비되는 기름 성분의 액체를 온몸에 발라서 몸이 물에 젖는 걸 방지합니다.

#일 #적성 #열정 #호기심

곤 충 류

베짱이 | 게으름을 치료하는 마감일 전략

수컷 베짱이는 암컷을 유혹하기 위해 앞날개를 비빕니다. 앞날개를 비벼서 내는 소리로 암컷을 유혹하지요. 이 소리가 마치 베를 짜는 소리와도 같아서 베짱이라는 이름이 붙여졌답니다. 사실 베짱이는 억울하기로 둘째가라면 서러운 곤충입니다. 왜냐하면, 이솝 우화로 인해 세간에 게으름뱅이로 소문이 퍼졌기 때문이지요. 실상은 완전히 반대인데도 말입니다.

베짱이는 집단생활을 하는 개미와 달리 혼자서 생활합니다. 그래서 사냥과 번식을 모두 혼자 해결해야 하기에, 당연히 부지런할 수밖에 없습니다. 특히 겨울이 오기 전, 알을 낳아야 하는 베짱이는 아주 바쁘게 움직이지요. 추운 겨울이 되면, 유충을 제외한 성충 베짱이는 좀처럼 찾아보기 힘듭니다. 놀기만 하던 베짱이가 겨울이 되자 부랴부랴 개미에게 식량을 빌리러 갔다는 것도 헛소문이지요. 아무튼 혼자서 이 모든 걸 해내는 베짱이는 분업을 하는 개미보다 부지런한 셈입니다.

베짱이는 알의 모습을 한 채 겨울을 보냅니다. 알의 형태가 가장 열 손실이 적고 에너지도 아낄 수 있기 때문이지요. 그래서 베짱이는 겨울이 오기 전에 일사불란하게 움직입니다. 겨울이라는 마감일(데드라인)을 정하고 기한에 맞춰 움직이는 것이지요. 이처럼 마감일을 확실히 정하면, 우리도 베짱이처럼 부지런해질 수 있습니다. 일을 한참 미루다가도 마감일이 코앞까지 다가오면 허겁지겁 하게 되지요. 이렇게 한정된 시간이 주는 초조함은 우리가 일을 서두를 수 있게 도와줍니다. 기한을 초과했을 때 큰 손해를 보거나, 누군가에게 망신을 당한다면 그 실행력은 더욱 높아지겠지요.

물론 시간에 쫓기면 일에 대한 즐거움은 물론이고, 결과물의 질도 떨어질 위험이 있습니다. 하지만 이러한 부작용 때문에 마감일 전략을 포기하지는 마세요. 마감일을 정하는 주체를 바꾸면 부작용은 해결할 수 있습니다. 바로, 스스로 마감일을 정해보는 것입니다. 이 방법은 앞선 경우에서 말하는 외부적 존재에 대한 두려움이 없습니다. 하지만 마감일을 자의적으로 정한 만큼, 지키지 못할 시에 커다란 자괴감을 느낄 수 있습니다. 자신의 삶을 통제하지 못할 때 느끼는 상실감은 상당하지요. 반대로, 성공한다면 스스로에 대한 뿌듯함에서 오는 쾌감이 오래도록 지속될 것입니다.

마감일을 정하는 방법은 다음과 같습니다. 예상 마감일보다 실제 마감일을 조금 앞당겨 잡아야 합니다. 그래야 계획이 실패하더라도 만회할 시간이 남아있기 때문입니다. 또한, 마감일을 정했다면 시작일과 마감일을 기점으로 여러 개의 중간 단계를 설정하세요. 중간 단계를 설정하면 일의 진도를 파악하기가 수월하고 성취감을 느끼기에도 좋답니다. 마감일을 누가 정해주느냐는 그렇게 중요하지 않습니다. 사회적인 손해로 겁을 주든, 삶에 대한 주체성을 내걸든 어느 것을 택해도 좋습니다. 그냥 가만히 있는 것보다는 백배 나으니, 마감일 전략을 잘 활용하여 뜻깊은 성취를 달성하시길 바랍니다.

곤충 박사의 비밀 수첩

- 베짱이는 육식을 좋아하여 주로 작은 곤충들을 잡아먹습니다.

#시간관리 #데드라인 #게으름

사마귀 | 날카로운 집중력의 비결

독사를 연상시키는 역삼각형 머리와 날카로운 앞발. 이는 명실공히 곤충계 최상위 포식자인 사마귀의 모습입니다. 사마귀는 주로 풀숲에 숨어 먹잇감을 사냥합니다. 기다란 몸통을 감싸는 완벽한 보호색은 언뜻 보면 풀과 다를 바 없지요. 사마귀는 넓은 시야를 이용해 풀 속에서도 샅샅이 먹잇감을 찾아냅니다. 먹이를 발견하면, 그 즉시 가시가 돋친 기다란 앞발로 빠르고 단단하게 낚아채지요. 사마귀의 뛰어난 사냥 실력은 곤충들은 물론이고 개구리나 작은 조류까지도 속수무책으로 당할 정도랍니다.

하지만 이처럼 포식자의 면모를 보여주는 사마귀도 암컷 앞에서는 겸손해집니다. 수컷보다 덩치가 큰 암컷 사마귀는 짝짓기가 끝난 후, 상대를 잡아먹는 것으로 유명하지요. 수컷 사마귀는 짝짓기가 끝나자마자 잽싸게 도망가지 않으면 암컷의 밥이 되고 맙니다. 안타깝기는 하지만, 수컷의 희생이 그리 헛된 일은 아닙니다. 암컷에게 더 풍부한 영양분을 제공하여 건강한 새끼들을 낳도록 도와주기 때문이지요.

사마귀는 집중력의 대가大家입니다. 고개를 이리저리 돌리며 산만한 모습을 보이다가도, 먹잇감을 보면 곧바로 사냥에 몰두하지요. 사마귀처럼 뛰어난 집중력을 갖기 위해서는 다음의 세 가지 여건이 갖춰져야 합니다. 바로 구체적인 목표와 적절한 환경, 그리고 휴식이지요.

집중력을 위해서는 우선 일의 목표가 확실해야 합니다. 구체적인 계획이 있어야 한정된 힘을 효율적으로 사용할 수 있기 때문입니다. 본인의 역량에 맞는 적절한 일의 분량을 정하고 계획하세요. 욕심을 부려 여러 가지 일을 동시에 했다가는 효율성만 떨어지기 쉽습니다. 목표를 설정한 다음엔 집중하기 알맞은 시간과 장소를 정하세요. 사마귀는 낮과 밤 구분이 없이 사냥하지만 우리는 그렇지 않습니다. 사람마다 집중이 잘되는 시간대가 다르지요. 일의 성격에 따라서도 집중하기 좋은 시간대가 다를 수 있답니다.

그리고 시간 못지않게 장소 또한 중요한 요소인데요. 어수선한 상황은 우리에게 과도한 자극을 주어 주의를 분산시킵니다. 불필요한 요소를 없애고, 목표에만 열중할 수 있는 주변 환경을 만들어보세요. 시야에 들어오는 환경만 잘 정돈되어도 한결 집중이 잘 될 것입니다. 만약, 여유가 있다면 다양한 시간과 장소를 경험해 보아도 좋습니다. 다양한 환경에서의 집중도를 비교하다 보면 최적의 환경을 찾을 수 있을 것입니다. 사마귀가 단조로운 풀숲에서 최고의 집중력을 발휘하는 것처럼, 여러분도 환경 설정에 힘을 써보세요.

집중력을 높이는 마지막 방법은 휴식입니다. 휴식의 기본은 충분한 수면이지요. 잠을 제대로 자야지만 깨어 있는 시간에 온전히 집중할 수 있습니다. 정해진 수면 시간 외에도 종종 짧은 휴식 시간을 가져보세요. 약 10~20분 정도로 낮잠을 자거나, 산책 혹은 스트레칭과 같은 동적인 휴식을 취하면 피로가 많이 해소됩니다. 단, 쉬는 동안에는 컴퓨터나 스마트폰을 멀리하세요. 겉보기에는 쉬는 것 같아도, 뇌는 화면에 표시된 정보를 처리하느라 바쁘답니다.

지금까지 집중력을 높이는 법에 대해 알아보았습니다. 목표와 환경, 휴식이라는 집중의 3요소를 갖추어 모든 일에 자신 있게 도전해보세요. 마치 그 어떤 적을 만나도 앞발을 들어 덤비는 사마귀처럼 말이지요.

- 사마귀는 눈동자가 없습니다. 눈동자처럼 보이는 작은 점은 빛이 휘어져서 보이는 착시현상입니다.

- 사마귀 암컷은 거품 덩어리처럼 생긴 독특한 알집을 만듭니다.

- 사마귀는 불완전탈바꿈을 합니다. 번데기를 거치지 않고 탈피를 하여 성충으로 자라나지요.

- 사마귀는 바퀴목으로 분류될 만큼 바퀴벌레와 비슷한 유전적 성질을 가졌습니다.

집중력을 유지하는 법

1. 조용한 분위기가 싫다면, 일정한 패턴이 반복되는 차분한 음악이나 백색 소음을 들어보세요.

2. 집중하다가 하품이 난다면, 잠깐 바람을 쐬거나 찬물로 세수를 해보세요. 하품은 우리 몸이 뇌의 온도를 낮추기 위해서 하는 행동이랍니다.

3. 휴식 시간을 확실하게 정하고, 쉬는 공간을 집중하는 공간과 분리하는 것이 좋습니다. 책상에서는 공부(일)하고 침대에서는 잠만 자듯, 한 공간에서는 한 가지 행동만 하세요.

#집중력 #목표 #환경 #휴식

사슴벌레 | 너 자신을 알라
: 메타 인지 향상법

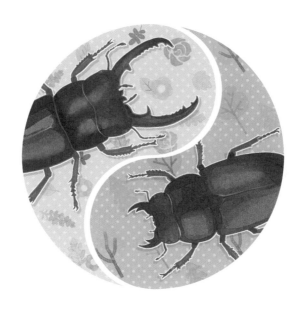

사슴뿔을 닮은 우람한 턱과 다부진 몸통…. 사슴벌레는 곤충계에서 손꼽히는 싸움 실력을 자랑합니다. 장수풍뎅이의 영원한 맞수이기도 하지요. 뿔로 상대를 들어 밀치는 장수풍뎅이와 달리, 사슴벌레는 큰 집게 모양의 턱으로 상대의 숨통을 조입니다. 보통 턱이 클수록 무는 힘도 셀 것이라 생각하지만, 사실은 그렇지 않습니다. 집게가 작을수록 더 큰 힘을 전달할 수 있지요.

예시로 암컷 사슴벌레는 수컷보다 작은 턱을 갖고 있지만, 나무를 뚫을 만큼 센 힘을 자랑합니다. 수컷의 큰 턱은 방어용 혹은 암컷을 유혹하기 위한 과시의 용도로 쓰이지요. 사슴벌레는 나무를 파서 둥지를 짓는데, 이는 당연히 집게의 힘이 센 암컷의 몫입니다. 아담하지만 예리한 턱으로 썩은 나무를 파내어 새끼들의 보금자리를 마련하지요.

만약 역할을 바꿔서 암컷이 침입자를 감시하고, 수컷이 둥지를 판다면 어떻게 될까요? 아마도 두 가지 일 중 어느 하나도 제대로 해내지 못할 것입니다. 사슴벌레 암수는 자신들의 능력을 정확히 인지하여, 성공적으로 맡은 임무를 완수하지요. 이처럼 자신의 능력을 정확히 인지하는 작용을 메타 인지meta認知라고 합니다. 무엇을 알고 무엇을 모르는지를 파악하고, 나아가 적절한 방안을 세우고 실행하는 능력까지 포함한 단어지요. 우리는 생각보다 자신의 인지력을 관대하게 평가합니다. 그래서 무리한 계획을 세우고 달성하지 못하는 인지적 오류를 흔히 범하지요. 이로 인해 꽤 많은 실패를 겪게 되지만, 어쩌다 한번 성공한 경험 때문에 수많은 실패는 잊혀집니다.

메타 인지를 기르려면 생각을 꺼낼 줄 알아야 합니다. 사슴벌레가 집게로 먹이를 집듯, 자기 생각을 콕 집어 밖으로 꺼내야 합니다. 머릿속에만 담고 있으면 온갖 잡념들에 묻혀서 정확히 판단하기가 어렵습니다. 그러므로 글이나 말을 이용해 생각을 표출시켜야 합니다.

생각을 밖으로 꺼냈다면, 이제는 객관적으로 판단할 차례입니다. 자신의 생각을 다양한 정보들과 비교·분석하거나, 타인에게 직접적으로 조언을 구해보세요. 아예 인간의 심리를 주제로 공부를 해도 좋습니다. 객관적인 판단을 수용할 때 드는 거부감이 자연스러운 현상인 것을 알면, 지적인 개방성을 크게 향상시킬 수 있지요. 최근에는 심리학에 대해 쉽게 풀어놓은 책이나 강의가 많기 때문에, 큰 부담없이 도전해볼 수 있을 것입니다. 흔히 인간은 평생토록 성장하는 동물이라고 합니다. 뛰어난 메타 인지력은 마치 양질의 먹이와도 같아서, 여러분이 빠르게 성장할 수 있도록 도와줄 것입니다.

곤충 박사의 비밀 수첩

- 사슴벌레는 먹이를 먹을 때 큰 턱을 사용하지 않습니다. 솔처럼 생긴 작은 혀로 나무 진액을 빨아먹습니다.

- 애벌레 시기에 좋은 먹이를 섭취할수록, 나중에 더욱 크게 자라납니다. 애벌레는 나무 속을 파먹고 어른벌레는 나무의 진액을 좋아하지요.

- 사슴벌레는 완전 탈바꿈 과정을 거칩니다. 알에서 깨어나 애벌레가 된 뒤, 번데기 모습을 하였다가 어른벌레로 재탄생하지요.

#메타인지 #인지적오류 #성장

쌍살벌(바다리) | 일의 우선순위를 정하는 비결

쌍살벌이 날아다니는 모습을 본 적 있으신가요? 맨 뒷다리를 늘어뜨리고 비행하는 모습이 마치 두 개의 살을 들고 다니는 것처럼 보입니다. '쌍살벌'이라고 부르는 것도 바로 그런 이유에서지요. 작고 마른 체형이라 힘은 밀릴지 몰라도, 영리한 두뇌는 어느 벌에게도 뒤지지 않습니다. 쌍살벌은 무려 동료들의 얼굴을 구별할 줄 알지요. 외모의 전체적인 형태는 물론이고, 색의 차이까지 섬세하게 알아냅니다. 이러한 능력은 보통 사회성이 뛰어난 포유류들이 가진 특징인데요. 다른 포유류 동물에 비해 뇌가 훨씬 작은 곤충이 얼굴 인식 능력을 보유하고 있다는 건 정말 놀라운 일입니다.

일반적인 벌의 세계에서는, 여왕벌 한 마리의 통치 아래 집단생활을 하기 때문에 굳이 벌들의 얼굴을 구별할 필요가 없지요. 하지만 쌍살벌의 경우는 조금 다릅니다. 한 둥지 안에서 여러 마리의 여왕벌이 저마다의 파벌을 데리고 살기 때문에, 일반적인 벌들보다 더욱 복잡한 위계질서가 존재하지요. 각 여왕벌의 서열에 따라 일하고, 먹고, 번식하는 순서를 달리해야 분쟁을 피할 수 있답니다. 불필요한 분쟁을 예방하려면, 반드시 서로의 얼굴을 구별해야 하지요.

쌍살벌은 둥지 내 여왕벌들이 가진 역할의 중요도를 비교하여 가늠합니다. 그리고 그 순서에 맞게 눈치껏 행동하지요. 본인이 아무리 긴급한 상황에 처해도, 서열이 높은 구성원에게 양보합니다. 다소 융통성이 없어 보이지만, 집단의 관점에서 보면 매우 합리적인 행동입니다. 불필요한 갈등을 빚어 전체적인 일 처리가 늦어진다면, 집단에 큰 피해를 초래하기 때문이지요. 쌍살벌의 이러한 행동처럼, 어떤 기준에 따라 일을 순서대로 계획하면 불필요한 과정을 많이 덜어낼 수 있습니다.

이제 여러분도 두 가지의 기준을 이용하여 일의 우선순위를 정해 보세요. 얼마나 급한 일인지, 그리고 얼마나 중요한 일인지를 기준으로 말이에요. 이 두 가지 기준에 따르면, 일은 네 가지 분류로 나눌 수 있습니다. 1순위로 가장 먼저 해야 할 일은 급하고 중요한 일입니다. 응급 상황이나 마감 기한이 정해진 일처럼 생존과 직결된 사항들을 먼저 처리해야 하지요.

2순위로 할 일을 고르는 건 조금 까다롭습니다. 중요하진 않지만 급한 일과, 급하진 않지만 중요한 일 중에 하나를 골라야 하지요. 그 예시로 전자는 일시적인 친목 도모, 후자는 자기 계발을 들 수 있겠군요. 이 중에 무엇을 2순위로 하고 3순위로 할지는 오롯이 여러분의 선택입니다. 인맥을 중요시한다면 전자를 택해도 되겠지만, 자기 계발도 너무 소홀히 해선 안 되겠지요.

마지막은 중요하지도, 급하지도 않은 일입니다. 셀 수도 없이 많은 예를 들 수 있지요. TV, 스마트폰 이용과 같이 의미 없는 중독성 행위들이 여기에 속합니다. 대부분 우리가 좋아하는 것들이지요. 과열된 일상을 식히는 목적으로 적당히 하는 건 괜찮습니다. 다만 앞서 말한 1, 2, 3순위 일들에 차질이 생길 만큼 주가 되면 안 되겠지요. 우리 모두 이성적으로는 이런 일이 백해무익하다는 것을 잘 압니다. 그런데도 자꾸만 중독되는 이유를 찾아보자면, 앞서 언급된 '자기 계발'이 부족하기 때문이 아닐까요? 자기 계발은 곧 자신을 다스리는 모든 과정을 말합니다. 이것이 서툰 탓에 마음속에 피어나는 부정적인 감정을 죄다 단기적인 쾌락으로 해소하지요. 잠깐의 만족 뒤에 찾아오는 거대한 공허함을 더 이상 느끼고 싶지 않다면, 자기를 발전시키는 데 열중해 보는 건 어떨까요?

지금까지 일의 우선순위를 분류하는 법에 대해 알아보았습니다. 이제 여러분도 쌍살벌 못지않은 섬세함을 발휘할 차례입니다. 주어진 일의 중요도를 계산하고 분류하는 것부터 차근차근 시작해 보세요.

곤충 박사의 비밀 수첩

- 쌍살벌의 집은 돌 밑이나 나뭇가지에 있어서 비가 오면 쉽게 물이 스며듭니다. 비가 내리면 쌍살벌은 재빨리 빗물을 모아 밖으로 뱉어내지요. 날이 더울 때면 집 속의 애벌레를 위해 날개로 부채질도 해준답니다. 대단한 육아 전문가가 아닐 수 없지요.

#일 #우선순위 #시간 #자기계발

잎꾼개미 | 쪼갤수록 큰 것을 얻는다

인류의 생활은 '농사'를 기점으로 완전히 뒤바뀌었습니다. 식량을 찾아 거처도 없이 떠돌던 인류는 농사로 인해 정착 생활을 시작했지요. 농사는 사람들에게 안정된 식량을 보장해주었습니다. 식량이 확보된 덕분에 활발히 문명을 발달시킬 수 있었지요. 그 때문에 농사는 문명을 이뤄낸 우리 인간들의 전유물로 여겨졌습니다. 그러나 이는 크나큰 착각이었습니다.

인간을 비웃듯, 이미 수천만 년 전부터 농사를 시작해 온 생명체가 있었지요. 그 정체는 바로 '잎꾼개미'입니다. 잎꾼개미는 인간에 뒤지지 않는 농사 실력과 어마어마한 규모를 자랑합니다. 농사의 신 잎꾼개미가 재배하는 작물은 바로 버섯인데요. 이름처럼 나뭇잎을 이용해 거름을 만들어 버섯을 기릅니다.

잎꾼개미의 버섯 재배 과정은 매우 정교하게 분업화되어 있습니다. 먼저, 큰 턱을 가진 일개미가 나뭇잎을 잘라옵니다. 그보다 덩치가 작은 일개미들은 잘라 온 나뭇잎을 건네받아 잎을 다집니다. 그리고 몸집이 더 작은 개미가 더욱더 잘게 다지는 방식을 몇 번 반복합니다. 최대한 잘게 잎을 다지고 나면, 배설물과 함께 섞어 죽처럼 만듭니다. 마지막으로, 이파리 위에 거름을 깐 다음 버섯을 심습니다. 물론 그냥 심는 것으로 끝나지는 않지요. 버섯이 잘 자랄 수 있도록, 최적의 온도와 습도를 항상 유지하며 관리에도 힘을 씁니다. 이렇게 까다로운 과정을 완벽하게 수행한다니, 참 놀라울 따름이지요.

그런데 잎꾼개미가 농사의 신이 될 수 있었던 비결은 무엇일까요? 비밀은 바로 '쪼개는' 습관에 있었습니다. 만약 커다란 나뭇잎을 잘게 쪼개는 과정이 없었다면, 애초에 버섯은 자라지 못했을테니까요. 이처럼 쪼개는 습관은 우리가 큰일을 계획할 때도 도움이 될 수 있습니다. 목표를 잘게 나눌수록 더욱 쉽게 성취할 수 있기 때문이지요. 일을 쪼개서 실행하다보면, 양이 적게 느껴져서 부담이 덜하고, 성취감은 더 자주 느끼게 됩니다. 또한 목표의 규모가 작아서 더 쉽게 계획을 조율할 수 있지요.

하지만 무턱대고 목표를 잘게 나눈다고 해서 능률이 오르는 것은 아닙니다. 본인의 역량에 알맞게 목표를 나누어야 합니다. 역량에 비해 너무 작게 목표를 잡는 것도 문제가 되지요. 너무 작지도, 크지도 않게 적당히 잘 짜인 계획이 밑거름이 되어야 비로소 열매를 맺을 수 있을 것입니다. 앞으로 힘든 목표가 생길 때마다 잎꾼개미를 떠올려 보세요. 커다랗고 무성한 나무를 벌거숭이로 만드는 잎꾼개미처럼, 목표는 크게 세우되 세분화를 통해 완벽히 성취해 보세요.

곤충 박사의 비밀 수첩

- 잎꾼개미 집단의 공주개미는 짝짓기할 때가 되면 버섯의 씨를 머금고 새로운 터전을 찾아 떠납니다.

- 일개미는 턱 일부가 금속 성분으로 이루어져 있어 자르기에 능합니다.

- 일꾼개미는 몸 구석구석에 항균 물질을 발라 버섯으로부터의 감염을 예방합니다.

#목표 #계획 #세분화

 곤 충 류

잠자리 | 몰입력을 기르는 두 가지 방법

잠자리는 살아있는 화석이라고 불릴 정도로 오랜 시간을 살아남아 왔습니다. 잠자리의 조상은 무려 3억 년 전에 처음 모습을 드러냈지요. 이토록 장기간 살아남을 수 있었던 비결은 바로 잠자리의 특별한 몸 구조에 있습니다. 잠자리는 겉보기에도 매우 큰 눈과 날개를 가졌습니다. 커다란 두 개의 겹눈은 무려 수만 개의 홑눈으로 이루어져 있어 뛰어난 성능을 자랑하지요. 잠자리의 비행을 책임지는 날개는 더욱 더 대단합니다. 접을 수는 없지만, 각각 따로 움직일 수 있어 다양한 비행을 구사할 수 있지요. 공중에 가만히 떠 있는 건 물론, 뒤로 나는 것까지 가능하답니다.

잠자리는 뛰어난 시력과 비행술을 이용해 하루 수백 마리의 모기를 사냥합니다. 한 번에 여러 마리를 욕심내기 보다는, 침착하게 한 마리씩 집중하여 사냥하지요. 그렇게 온전히 사냥에 몰입하다 보면, 어느새 잡아먹은 모기가 수백 마리에 달합니다. 어떤 일에 완전히 몰입하면 마치 하루가 한 시간처럼, 한 시간이 1분처럼 느껴지기도 하지요. 이처럼 몰입은 시간을 초월한 듯한 느낌을 주는데, 몰입력을 기르는 방법을 안다면 어려운 일도 손쉽게 해결할 수 있습니다.

몰입력을 기르는 방법은 두 가지로 설명할 수 있습니다. 먼저 몰입하기 전, 동기가 있어야 합니다. 상황에 빠져들게 하고 집중을 유지하려면 그 속으로 이끌어 줄 충분한 동기가 필요하지요. 무엇보다 흥미가 당기는 일이 제일 좋습니다. 마치 잠자리가 맛있는 먹이를 사냥하듯, 흥미로운 일에는 본능적으로 집중하게 되니까요. 그리고 중요한 것은 주변의 간섭이 없어야 한다는 점입니다. 제약 없이 자율적으로 할 수 있어야 무언가에 깊게 빠질 수 있지요.

남은 한 가지 방법은 알맞은 목표를 설정하는 것입니다. 흥미롭게 느껴지더라도, 본인이 가진 능력에 비해 어려운 일에는 몰입하기가 힘들겠지요. 자신의 능력보다 조금만 높게 목표를 설정해야 본인의 역량을 최대한 끌어낼 수 있습니다. 만약 너무 힘든 일이 있다면, 단계별로 쪼개어 난이도를 적당하게 설정해 보세요. 그리고 한 번에 한 가지 목표에만 집중하세요. 잠자리가 모기 한 마리 한 마리를 열심히 추격하듯, 한 가지 목표에만 오롯이 집중하는 것이 좋습니다.

지금까지 몰입을 위한 간단한 조건들을 이야기해 보았습니다. 우리는 잠자리만큼 넓은 시야와 자유분방한 신체를 가졌기에 조그만 자극에도 쉽게 산만해질 위험이 있습니다. 지금까지 설명한 방법들이 몰입력을 기르는 데 도움이 되었으면 합니다.

곤충 박사의 비밀 수첩

- 고생대 석탄기에는 '메가네우라'라는 커다란 잠자리가 살았습니다. 날개를 편 길이가 무려 75센티미터에 달했지요.
- 잠자리는 다양한 방법으로 알을 낳습니다. 물 위에 알을 뿌리기도 하고, 진흙에 산란관을 넣어 알을 낳기도 합니다.

#집중 #몰입 #목표설정 #흥미

곤충 박사의 연구 파일 1

말벌도 벌벌 떨게 만드는
꿀벌의 인해 전술

말벌은 먹이를 얻기 위해 시시때때로 꿀벌들을 공격합니다. 말벌의 전투력은 워낙 뛰어나서, 단 몇 마리만으로도 꿀벌들을 초토화할 수 있지요. 하지만 꿀벌들도 쉽게 항복하진 않습니다. 꿀벌들은 인해 전술로 말벌을 대적합니다. 말벌 한 마리에 수많은 꿀벌이 한번에 달려들어 공격하지요. 말벌의 거센 저항에도 굴하지 않고 빈틈없이 말벌을 에워쌉니다.

그렇게 버티다 보면, 말벌은 한순간 픽 하고 쓰러지는데요. 그 이유는 다름 아닌 고열 때문입니다. 말벌은 열에 대한 저항력이 꿀벌보다 약하기 때문이지요. 그래서 꿀벌들은 이를 이용해 말벌의 체온을 높여서 죽인답니다. 정말 영리하지 않나요?

곤충의 가르침 2

가슴

마음을 다스리는 기술

거저리 | 무지는 공포를 낳는다

아프리카 나미브 사막에는 특이한 딱정벌레가 삽니다. 나미브 사막 거저리라고 불리는 이 곤충은 황량하고 건조한 사막에서 신기한 방법으로 물을 얻습니다. 나미브 사막의 아침은 짙은 안개로 가득한데요. 거저리는 이 순간을 놓치지 않고 안개 속으로 뛰어듭니다. 그리고 등을 위로 치켜든 채, 머리를 숙이지요. 얼마 지나지 않아, 등에 물방울이 맺히고 이어서 머리 위로 흘러내립니다. 거저리는 등에 작은 돌기가 많이 나 있어서 효과적으로 습기를 모을 수 있지요. 사막의 안개로 물을 만들다니, 정말 대단한 의지입니다.

여러분이 혹독한 사막 한가운데 있다고 한번 상상을 해볼까요? 찌는 듯한 더위에 마실 물도 보이지 않습니다. 그런데, 설상가상으로 자욱한 안개 때문에 시야마저 가려져 버렸네요. 절망적인 상황이 따로 없습니다. 대개 이런 상황을 겪으면 많은 이들이 좌절하고 두려움을 느낄 것입니다. 하지만 거저리는 당황하지 않습니다. 왜냐하면 자신의 특성을 이용해 물을 구하는 법을 알기 때문이지요. 두려움을 느낄 겨를조차 없이 신속하게 행동합니다.

공포는 무지에서 비롯된다는 말이 있습니다. 지식의 빈자리엔 상상이 자리하여 불안한 감정을 키웁니다. 그러니 원인 모를 두려움이 느껴질 때는, 두려움이 차지한 자리만큼 지혜를 채울 수 있다고 생각해 보세요. 그리고 주어진 일에 매진하시길 바랍니다.

#공포 #학습 #긍정

게거미 | 합리적인 판단을 하는 법

거미는 먹이를 잡기 위해 거미줄을 칩니다. 하지만 게거미는 거미줄 없이도 먹이를 사냥할 수 있습니다. 꽃잎이나 풀에 붙어 꼼짝하지 않고 기다리다가 먹잇감이 오면 날렵하게 낚아채는 방식이지요. 심지어는 식충식물의 주머니(낭상엽) 안에 들어가 먹잇감을 기다리기도 합니다. 게거미는 짧은 다리 때문에 이동이 불편합니다. 대신 무언가를 붙잡고 있기 좋아서 매복에 유리하지요. 은밀하게 숨을 수 있도록 위장색도 발달하였습니다. 작은 몸집과 잘 숨는 습성으로 인해 겁이 많을 것이라 생각하지만, 때로는 당당한 모습도 보여주는 아주 매력적인 거미입니다.

기회는 준비된 자에게 온다는 말이 있습니다. 하지만 감당할 수 없는 기회를 잡았다간 더한 낭패를 겪을 수 있지요. 올바른 판단을 위해서는 게거미처럼 차분한 태도를 유지할 수 있어야 합니다. 하지만 우리는 종종 우발적인 감정에 휘둘려 어리석은 실수를 저지릅니다. 고심 끝에 내린 결정이라지만, 실상은 아닌 경우가 많지요. 이는 자신의 신념을 확증시키는 정보에만 주목하는 '확증 편향'에 빠졌기 때문입니다.

확증 편향에 빠지면, 아무리 합당한 증거라 해도 자신의 의견과 다르면 인정하지 않습니다. 자신의 판단이 틀렸다는 것을 받아들이기 매우 힘들어하지요. 애초에 판단의 오류를 범하지 않도록, 미리 정보를 모아 두는 것도 좋습니다. 하지만 지적인 고집은 지식의 수준과 관계없이 생길 수 있답니다. 확증 편향을 해결하기 위해서는 지식을 더하기보다는 감정을 덜어내야 하지요. 이때, 경직된 감정을 자연스레 풀어주고 마음을 비울 수 있는 방법이 한 가지 있습니다. 바로 '명상'입니다. 합리적인 판단을 위해서는 명상을 거듭하며 이성에게 꾸준히 힘을 실어주어야 합니다.

효과적으로 명상하는 법은 간단하지만 어렵습니다. 먼저 편한 자세를 취해 주세요. 자세가 안정되면, 이제 호흡과 감각에 집중해 봅니다. 숨을 차분히 마시고 뱉으며 온몸의 감각들을 의식하는 것이지요. 중간에 잡념이 불쑥 튀어나와도 낙심하지 말고 가만히 내버려 두세요. 그러한 감정과 생각이 있었다는 걸 깨닫는 것이 바로 명상의 목적입니다. 마치 커다란 먹이를 가만히 바라보다가 떠나보내는 작은 게거미가 되어보세요. 모든 고집은 상상에 불과하고, 내버려 두면 사라진다는 사실을 몸소 깨달으세요. 단 몇 분도 좋고 몇 시간도 좋으니, 시간에 연연하지 마세요. 명상으로 마음을 비워내고 나면 감정의 압박을 받지 않고 합리적인 의사 결정이 가능해집니다. 명상은 의사결정 외에도 건강에 좋은 영향을 미치니, 언제 어디서든 실천해 보세요.

- 게거미는 사마귀와 서식 환경, 사냥법이 겹치기 때문에 종종 서로 다툽니다.

\#확증편향 \#명상 \#통찰

공벌레 | 예민한 사람들의 특징

공벌레는 곤충계의 아르마딜로입니다. 아르마딜로처럼 물리적인 외부 자극을 받으면 곧바로 몸을 돌돌 말지요. 몸을 움츠리는 이유는 연한 배 부위를 지키는 것이 주목적이지만, 수분 증발을 막으려는 목적도 있습니다. 물속에서 사는 대부분의 갑각류처럼 공벌레에게도 수분이 중요하지요. 공벌레는 수분 증발을 최소화하기 위해 주로 어두운 곳에서 활동합니다. 물론 아가미가 폐처럼 발달한 덕분에 육상 생활도 할 수 있습니다. 하지만 아가미의 구조가 완벽하지는 않기 때문에 여전히 많은 습기가 필요하지요. 그래서 공벌레는 수분을 유지하기 위해 축축한 돌 밑이나 나무에 모여 살며, 곰팡이나 동식물의 사체를 섭취합니다. 감사하게도 자연의 분해자 역할을 도맡지요.

혹시 여러분의 주변에 예민한 성격을 가진 사람이 있나요? 이들은 대부분 다음과 같은 특징을 보입니다. 맡은 일은 매우 꼼꼼하게 처리하지만, 너무 신경을 쓰는 바람에 쉽게 지치지요. 그리고 스트레스를 받으면 어디론가 숨어 버리곤 합니다. 마치 툭 건드리면 몸을 마는 공벌레처럼 말이지요. 만약 주변에 툭하면 집에서 나오지 않는 친구가 있다면, 너그럽게 이해해 주세요. 그 친구는 여러분이 싫은 게 아니라, 정신적인 힘을 아끼기 위해서니까요. 이들은 평소에 너무 많은 것에 집중하는 성격 때문에, 신경쓸 것이 없는 조용한 환경을 좋아합니다. 수분을 보존하려고 어둡고 습한 곳에 사는 공벌레처럼, 본인만의 아늑한 환경에서 힘을 재충전하지요.

예민한 성격은 매우 매력적인 성격입니다. 다만 예민한 사람들이 반드시 신경써야 할 부분이 있습니다. 바로 '수면'과 '식사'입니다. 예민한 사람들은 완벽주의 성향이 강해서, 잠과 끼니를 미루면서까지 무리하게 일을 진행하지요. 이처럼 무리해서라도 일을 끝마치면 뿌듯할지는 모르겠으나, 건강은 보장할 수 없습니다. 불규칙한 생활 습관은 정신적, 육체적으로 큰 악영향을 미치기 때문입니다. 이렇게 되면 더 예민해지고, 일에 더욱 집착하게 되는 악순환을 재촉할 수 있답니다. 그러니 수면과 식사를 잘 챙기고, 규칙적인 생활을 지키는 데 집중하는 것이 좋습니다. 비록 겉으로는 공벌레처럼 소극적인 모습을 보이지만, 사실은 누구보다도 적극적인 세상의 모든 '예민이'를 응원합니다.

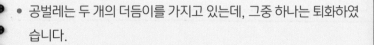

- 공벌레는 두 개의 더듬이를 가지고 있는데, 그중 하나는 퇴화하였습니다.

- 쥐며느리는 공벌레와 비슷하게 생겼지만, 몸을 공처럼 말지 않는답니다.

#예민 #집중 #완벽주의

길앞잡이 | 분노를 다루는 비결

길앞잡이는 얼룩덜룩한 생김새처럼, 산만하고 사나운 성질을 가졌습니다. 지나가는 상대마다 다짜고짜 시비를 걸고넘어지지요. 영어 이름이 타이거 비틀Tiger beetle인 이유가 있는 것 같습니다. 한 가지 웃긴 것은, 사람처럼 덩치가 큰 동물을 만나면 뒤도 돌아보지 않고 줄행랑을 친다는 사실입니다. 사람이 다가갈 때마다 길앞잡이는 멀찌감치 날아가 버리지요. 이러한 모습이 길을 안내하는 것처럼 보여 길앞잡이라 부르게 되었다고도 합니다. 길앞잡이는 큰 동물 앞에서는 꽁무니를 빼고, 몸집이 만만한 동물들에게는 폭군 행세를 합니다. 단단한 껍질과 강력한 턱으로 다른 곤충을 무자비하게 괴롭히지요. 애벌레 때는 작은 굴을 파놓고 숨어있다가 지나가는 곤충을 덥석 잡아먹는답니다.

게다가 길앞잡이는 매사에 공격적으로 반응합니다. 하지만 자신보다 강한 존재 앞에서는 공격성을 자제하고 몸을 사리지요. 길앞잡이의 애벌레 또한 가만히 숨어있다가 만만한 먹잇감이 지나갈 때만 성질을 부립니다. 우리 주변에도 길앞잡이 같은 성향의 사람들이 있습니다. 이들은 약자 앞에서는 폭군이 되지만, 강자를 만나면 순한 양으로 변하지요. 흔히 이런 사람을 가리켜 '분노 조절 장애'가 있다고 말합니다. 하지만 '분노 조절 장애', 정확히는 '간헐성 폭발 장애'라는 질병을 실제로 앓고 있는 환자는 대상을 가리지 않고 분노를 표출합니다. 이성이 힘을 상실해서 약물치료까지 동원해야만 분노를 제어할 수 있지요. 하지만 이런 경우가 아니라, 앞서 말한 경우처럼 사리 분별이 가능한 사람들은 의식적인 연습을 통해 분노를 다스릴 수 있습니다.

가장 먼저 해야할 일은 분노로부터 멀어지는 것입니다. 분노라는 감정은 이성으로 제압하기 힘든 강한 상대입니다. 괜히 통제하려 했다가 실패하면 더한 불안감을 맛볼 뿐이지요. 제일 적절한 방법은, 분노가 지나갈 때까지 내버려 두는 것입니다. 그리고 감정이 올라오면 크게 심호흡을 하여 빨라진 호흡과 심장 박동을 가라앉혀보세요. 차분히 숫자를 세어도 좋습니다. 혹시 진정되지 않는다면, 상대방에게 양해를 구하고 자리를 벗어나세요. 그리고 기분 전환이 되는 행동을 통해 최대한 분노를 누그러뜨리세요. 마땅한 활동이 없으면 가볍게 운동을 해도 좋습니다. 신체적인 활동은 감정을 진정시키는 데 효과적이라고 합니다.

화는 결국 자신을 지키기 위한 행위입니다. 스스로 자존감이 위협받는다고 느낄 때, 화를 내면 쉽고 효과적으로 정체성을 주장할 수 있지요. 분노의 감정이 이는 순간, 자신이 무엇을 보장받기 원하는 것인지 곰곰이 생각해 보세요. 그리고 그것을 위해 어떤 조치를 취할 수 있는지 고민해 보세요. 분노의 재생산을 막으려면, 냉정한 성찰이 필요합니다. 문제를 확실히 판단하기 위해서는 객관적으로 상황을 바라보는 것도 도움이 됩니다. 용기를 내어 상대방에게 자신의 감정과 생각을 이야기하고, 혹시 오해하거나 실수한 건 없는지 물어보세요. 때로는 이러한 관점을 취하는 것만으로도 격앙되었던 감정의 힘이 빠지기도 합니다. 만약 어쩔 수 없는 문제라면 화를 내봤자 소용이 없을 테니까요.

분노는 조금이라도 잘못 다루면 더 크게 부풀어 오릅니다. 하지만 작정하고 참는다고 해서 사라지는 것도 아니지요. 계속 참다 보면 분노를 양분 삼아 자라난 절망감이 조용히 삶을 잠식하고 말 것입니다. 분노와 그 부산물에 현혹되어 귀중한 시간과 사람들을 잃지 않도록, 자존감의 덩치를 키워나가세요.

#분노 #화 #감정 #인내

꼽등이 | 바른 자세로 앉는 법

꼽등이는 메뚜기와 비슷하면서도 조금 이상한 생김새를 가졌습니다. 가장 도드라지는 건 굽은 등인데요. 얼마나 등이 굽었는지 '꼽등이'라는 이름도 등이 굽은 사람을 낮잡아 이르는 '꼽추'에서 비롯되었답니다. 또한 꼽등이는 날개가 없고, 메뚜기에 비해 긴 다리를 지녔습니다. 어둡고 고온다습한 곳에서 살다 보니 더듬이와 뒷다리를 제외한 부분은 거의 퇴화되었지요. 하지만 꼽등이는 괴이한 생김새와는 달리, 딱히 누군가에게 해를 끼치진 않습니다. 묵묵히 곰팡이나 동물의 사체를 처리함으로써 오히려 자연을 재생시키지요.

꼽등이는 열악한 환경에 적응하느라 몸의 많은 부분이 퇴화하였습니다. 제한된 환경에서는 몸의 일부만 사용하기 때문에, 쓰지 않는 부위는 점점 둔해집니다. 반면 너무 부지런히 사용해도 과로로 인한 부작용이 발생할 수 있지요. 마치 우리가 하루 종일 좌식 생활을 하며 허리에 통증을 호소하는 것처럼 말입니다. 본래 인간의 신체 구조는 직립 보행에 적합합니다. 하지만 우리 주변의 학업, 업무 환경은 대부분 앉는 것으로 신체 활동이 제한되어 있습니다. 기본적으로 의자에 앉는 자세는 상체에 많은 하중을 가합니다. 잘못된 자세로 앉으면, 거북목이나 허리 디스크와 같은 질환도 유발할 수 있지요.

신체의 부담을 줄이려면 바르게 앉아야 합니다. 이때는 딱 두 가지만 기억하면 됩니다. 먼저 의자에 깊숙이 앉으세요. 의자 등받이에 몸을 기대 무게를 분산시키면 허리의 부담이 줄어듭니다. 우리의 엉덩이 밑에는 한쌍의 '좌골'이 튀어나와 있는데요. 이 좌골이 의자 밑면에 닿게 앉으면 올바른 무게 중심을 유지할 수 있습니다. 두 번째로는 가슴을 펴세요. 가슴을 펴고 턱을 당기면 자연스럽게 몸의 굴곡이 형성됩니다. 가슴을 정면 위쪽의 사선 방향으로 벌려주세요. 이때, 허리도 같이 휘어지게 되는데 허리가 지금의 각도 이상으로 젖혀지지 않게 주의해주세요. 허리를 너무 젖혀도 좋지 않답니다.

여기까지 올바르게 앉는 자세에 대해 말씀드렸는데요. 바른 자세라도 30분마다 스트레칭을 해주는 게 좋습니다. 또한 본인에게 알맞은 의자와 책상을 선택하는 것도 잊지 마세요.

바른 자세에 바른 정신이 깃든다는 말처럼, 자세는 곧 삶의 태도와 직결됩니다. 열악한 환경일수록 가장 기본적인 '자세'가 견고해야 극복할 수 있을 것입니다. 주어진 일이나 과제만으로도 충분히 지치고 힘들겠지만, 나중에 더 고생하지 않도록 조금만 신경 써보는 건 어떨까요?

#자세 #일 #학업 #건강

땅강아지 │ 과유불급(過猶不及)

메뚜기와 비슷하게 생긴 땅강아지는 땅파기를 좋아합니다. 짧고 넓은 앞다리와 둥글고 매끄러운 몸매는 땅굴을 파고 드나들기에 유용하지요. 땅강아지는 땅속을 이리저리 비집으며, 식물의 뿌리를 갉아 먹거나 지렁이처럼 작은 벌레들을 잡아먹습니다. 이러한 땅강아지의 먹이 활동 덕분에 땅속에 틈이 생겨, 미생물은 산소와 질소를 양껏 이용할 수 있게 되지요.

풍부한 공기를 바탕으로 미생물의 활동이 많아지면 토양이 비옥해집니다. 하지만 과유불급이라고 하던가요? 지나친 것은 모자라는 것과 같듯, 일정한 구역 안에 땅강아지가 너무 많이 서식하면 토양의 질은 되레 나빠집니다. 땅이 지나치게 파헤쳐져서 흙이 너무 들뜨기 때문이지요. 그러면 식물의 뿌리가 단단히 자리 잡지 못하고, 간신히 뿌리내린 식물마저도 수많은 땅강아지의 식사가 되고 맙니다.

'부지런한 물방아는 얼 새도 없다'는 속담이 있습니다. 쉬지 않고 돌아가는 물방아는 살을 에는 추운 날씨에도 얼어붙을 틈을 허락하지 않지요. 어떠한 일이건 부지런히 임해야 순조롭게 마무리 지을 수 있다는 의미입니다. 땅강아지처럼 장애물을 바로바로 처리하는 근면함은 성공을 결정짓는 중요한 열쇠입니다. 특히 경제 활동에 있어서는 근면할수록 형편에 보탬이 되는 것도 사실이지요. 실제로 물질적인 풍요와 일에 대한 성취감은 삶을 꽤 만족스럽게 합니다. 문제는 이러한 만족감에 매료되어 일만을 최우선으로 여기는 경우입니다. 이처럼 다양한 삶의 가치 중에 일을 가장 중요시하는 사람을 일 중독자Workaholic라고 합니다.

이들은 무의미한 행동을 불편해합니다. 적절한 휴식과 여가, 인간관계를 모두 사치스럽게 여기지요. 그들은 온 정신을 일에 쏟아붓지만, 힘써서 일할수록 삶의 즐거움이 하나둘씩 쓰러져 가는 상황을 맞이합니다. 마치 땅강아지가 열심히 파헤친 식물들처럼 말이지요. 심히 들뜬 흙밭처럼 마음도 갈수록 공허해집니다. 공허한 마음속에는 즐거움이 자라나기 힘들지요. 그저 열심히 살아갈 뿐인데 상황은 나빠지니 앞길이 막막한 기분이 들기도 합니다.

해답은 간단합니다. 일의 양을 줄이고, 그간 소홀했던 다양한 즐거움에 집중하는 것이지요. 마음속의 식물들이 천천히 뿌리를 내릴 때까지 기다려주세요. 그동안 유지해 온 삶의 관성을 바꾸는 것이 쉽지는 않겠지만, 한번 참고 견뎌보세요. 일상의 즐거움이 꽃필 때 비로소 일도 즐거워지기 시작할 겁니다. 일은 적당히 하면 일상에 활기를 불어넣지만, 과하면 일상을 갉아먹는다는 걸 명심하세요.

곤충 박사의 비밀 수첩

- '땅강아지'는 순우리말로 땅개, 땅개비, 하늘밥도둑, 게발두더지라고도 부릅니다.

- 땅강아지의 암컷은 1년에 한 번, 초여름 무렵에 약 300개의 알을 땅 속에 낳습니다.

- 위협을 느끼면 항문샘에서 악취가 나는 액체를 내뿜습니다.

#일 #중독 #휴식

곤 충 류

모포나비 | 매력을 높이는 옷 입기 노하우

모포나비는 영롱한 푸른 빛의 날개를 자랑합니다. 하지만, 놀랍게도 모포나비의 날개 속에는 푸른 빛의 색소가 존재하지 않습니다. 그렇다면 어떻게 색을 구현하는 걸까요? 정답은 빛의 성질에 있습니다. 빛은 세상의 모든 색을 포함합니다. 따라서 물체가 빛을 전부 흡수하면 검은색으로 보이고, 모두 반사하면 흰색으로 보이지요. 투명한 물체는 빛을 통과시켜서 투명하게 보이는 것입니다. 반사된 빛의 색깔에 따라 물체의 색이 우리 눈에 보이지요. 모포나비의 날개는 미세한 비늘 가루로 이루어진 특이한 구조를 띱니다. 이러한 구조를 통해 빛의 파란색만을 반사해서 푸른 빛을 띠는 것이지요.

모포나비는 본래 밋밋한 색깔을 가졌지만, 비늘 가루의 특이한 배열 덕분에 아름다운 자태를 뽐냅니다. 모포나비에게 비늘 가루로 된 날개가 있다면, 우리에게는 옷이라는 날개가 있지요. 우리도 옷을 어떻게 코디하느냐에 따라 다양한 이미지를 연출할 수 있습니다. 과연 옷을 잘 입는 방법은 무엇일까요? 시간과 장소에 따라 원하는 느낌을 주려면 어떻게 해야 할까요?

첫 번째 수칙은 바로 분위기에 맞게 입는 것입니다. 화려한 드레스를 빼입어도 그곳이 수영장이라면 의미가 없겠지요. 두 번째 수칙은 몸에 맞게 입는 것입니다. 아무리 멋있는 정장을 입어도, 크기가 커서 흘러넘친다면 기품이 없어 보일 테니까요. 그러니 자신의 체형에 맞게 옷을 입어야 합니다. 만약 체형을 보완하고 싶다면 색이나 패턴을 이용하세요. 돋보이고 싶은 부위에는 밝은색을, 그렇지 않은 부위에는 어두운색을 쓰면 장점이 잘 드러나 보입니다. 또한 마른 타입은 가로줄 무늬를, 통통한 타입은 세로줄 무늬를 이용했을 때 체형을 보완할 수 있습니다.

마지막 남은 수칙은 바로 수수하게 입는 것입니다. 다양한 종류의 옷을 욱여싸듯이 입으면 난잡해 보이기 쉽지요. 웬만큼 패션 감각이 뛰어난 사람이 아니라면, 복잡한 배열은 피하는 게 좋습니다. 단순하게 입으면 절제되고 세련된 느낌을 줄 수 있다는 것도 장점입니다. 검은색, 하얀색, 회색 같은 무채색을 한번 이용해보세요. 무채색을 기본으로, 색조가 비슷한 색을 한두 개 정도 추가하며 원하는 분위기를 연출해보세요.

지금까지 이야기한 수칙을 바탕으로 다양한 스타일을 시도해보시길 바랍니다. 원하는 색과 무늬의 조합을 찾아 입다 보면, 머지않아 모포 나비처럼 자신만의 특별한 멋을 찾을 수 있을 거예요.

#옷 #개성 #관계

물맴이 | 방황을 멈추려면 방향을 정해야 한다

잠수함은 기다란 잠망경을 이용해 물속에서도 수면 위를 볼 수 있습니다. 그런 의미에서 물맴이는 초소형 잠수함이나 다름없답니다. 물맴이는 겹눈이 위와 아래로 나뉘어 있어 물속과 바깥을 함께 볼 수 있지요. 만약 물 위에서 포식자를 만나면 물속으로 숨고, 물속에서 만난다면 날아서 도망갑니다. 설사 잡힌다 해도 쓰디쓴 화학 물질을 분비해 포식자들의 입맛을 달아나게 하지요. 이처럼 물맴이는 바쁘게 적들의 눈치를 살피며, 물 위에 떨어진 곤충을 잡아먹습니다.

물맴이는 물의 안팎을 넘나들며 아슬아슬하게 목숨을 연명합니다. 포식자에게 쫓겨 물속 깊은 곳이나 수면 위로 멀찍이 달아나지요. 수면 위에서는 차분한 모습을 보이지만, 의외로 많은 시간을 방황하며 보냅니다. 그렇지만 방황이 오래가지는 않습니다. 잠시 후, 평소의 모습으로 돌아온 물맴이는 여느 때처럼 물 위에 놓인 먹이를 먹지요.

생명을 가진 존재는 필히 방황을 합니다. 우리도 물맴이 못지않게 방황하는 삶을 살지요. 인생의 무게에 짓눌려 한없이 가라앉기도 하고, 때로는 포기하고픈 마음에 모든 걸 뒤로하고 홀홀 떠나기도 하지요. 포기하면 잠깐은 편안할 수 있습니다. 하지만 마음속에서는 점점 부정적인 감정이 생겨나지요. 이는 '목표'라는 먹이를 쟁취하지 못했기 때문입니다. 삶의 목표가 없으면 우리는 방향을 잡지 못하고 방황하게 됩니다. 여러분이 갈망하는 삶의 모습을 한번 떠올려보세요. 아무리 방황하더라도 다시 돌아올 만큼 값진 목표를 간직해야 합니다. 여러분의 머리맡에 맴도는 가장 소중한 가치와 삶의 목표는 무엇인가요?

곤충 박사의 비밀 수첩

- 물맴이 유충은 배에 난 아가미로 숨을 쉬고, 성충은 날개 밑 부분에 공기를 저장하여 호흡합니다.

#방황 #목표

바퀴벌레 | 걱정은 바퀴벌레와도 같다

　엄청난 적응력을 지닌 바퀴벌레는 인간들의 주거지에도 침범하여 서슴없이 살아갑니다. 부엌에 있는 틈새처럼 주로 어둡고 습한 곳을 좋아하지요. 제법 옹골진 몸집과 빠른 몸놀림은 우리를 경악에 빠뜨리기 충분합니다. 한 마리로도 버거운데, 보이지 않는 곳에는 수많은 개체들이 모여 살지요. 바퀴벌레는 떼를 지어 살지만, 서로 직접적인 소통을 하지는 않습니다. 하지만 페로몬이 든 배설물을 감지하여, 최적의 서식지에 하나둘씩 모여들지요.

　소문난 잡식성 곤충인 바퀴벌레는 딱히 가리는 것 없이 뭐든지 잘 먹습니다. 세균이 번식하기 좋은 환경에 사는 데다가, 잡식성인 만큼 많은 세균을 가지고 있지요. 더욱이 유연한 몸으로 집의 구석구석에까지 병원균을 전파할 수 있습니다. 이러한 바퀴벌레는 인간에게는 백해무익한 곤충이지만, 자연의 입장에선 수많은 찌꺼기와 사체를 분해해주는 소중한 곤충이랍니다.

우리 생활 속에 바퀴벌레가 있다면, 마음속에는 '걱정'이라는 존재가 있습니다. 걱정은 바퀴벌레처럼 모든 것을 먹이로 삼습니다. 어떤 것이든 걱정거리가 될 수 있지요. 걱정을 하면 당장은 불안이 줄어드는 느낌을 받지만, 오히려 우리의 마음속에는 감정의 찌꺼기가 생겨납니다. 그리고 이 냄새를 맡고 더 많은 걱정이 모여들지요. 이런 식으로 걱정이 너무 많아지면 건강을 해치기도 합니다. 이처럼 우리 몸에 백해무익한 걱정은 과연 어떻게 처리할 수 있을까요?

걱정은 불안감을 먹이로 삼습니다. 걱정은 불안감이 생기자마자 매우 빠르게 꼬이기 때문에, 의식적으로 제어하기가 힘들지요. 그래서 걱정을 줄이려면 불안감을 먼저 다룰 줄 알아야 합니다. 불안의 원인을 안다면, 걱정 대신 합리적인 '고민'으로 점차 해결해 나갈 수 있습니다. 하지만 원인을 모르기 때문에 걱정이 힘을 발휘하는 것이지요. 아무도 모르는 마음속 어두운 구석의 불안감은 결국 걱정의 먹이가 되고 맙니다. 불안감을 갉아먹은 걱정은 한층 더 불쾌한 감정 찌꺼기를 만들어 내지요. 그러므로 불안감의 원인을 알면 적절한 행동을 모색할 수 있습니다. 원인을 안다면 최악의 경우를 면하고, 조금이나마 상황을 진전시키는 것이 가능하지요.

물론 불안의 까닭을 알아도 괴로울 때가 있습니다. 하지만 원인을 안다면 괴로운 상황이 그리 오래 지속되지는 않습니다. 현실을 직시하고, 해야할 일을 구분할 수 있기 때문입니다. 만약 불안한 미래가 너무도 두렵다면 계획을 세우는 기간을 줄여보세요. 몇 년 앞을 내다보지 말고, 당장 다가올 다음 달만을 생각하고 계획을 짜보세요. 한 달이 힘들다면 일주일, 하루, 한 시간까지 줄여도 좋습니다. 단 한 시간이라도 현재에 집중하여 차분히 고민하고 계획대로 성취해 보세요. 될 수 있으면 어둡고 습한 장소를 나와 밝고 쾌적한 환경에서 성취감을 느껴 보세요. '하루의 괴로움은 그날로 족하다'는 성경의 말처럼, 부디 걱정에 삶을 빼앗기지 마시길 바랍니다.

곤충 박사의 비밀 수첩

- '갑옷바퀴'는 흰개미처럼 나무를 먹을 수 있습니다. 장 속의 미생물이 나무의 섬유소를 분해해 주는 덕분이지요.

바퀴벌레 퇴치법

1. 바퀴벌레가 들어올 만한 입구를 봉쇄하세요.

2. 항상 음식물을 깔끔하게 치우고, 겉에 물기가 없게끔 밀봉하여 보관하세요.

3. 살충제를 사용하세요. 뿌리는 살충제로 바퀴벌레를 잡는다면, 곧바로 치우세요. 설치형 살충제는 습하고 따뜻하고 음식물이 있는 장소에 설치하세요. 설치형은 뿌리는 살충제와 달리 천천히 독이 작용하므로 경과를 지켜봐야 합니다. 살충제를 섭취한 바퀴벌레는 둥지로 돌아가 독 먹이를 나눠 먹고 나서야 모두 궤멸하게 된답니다.

#걱정 #불안 #계획

부채거미 | 스트레스의 놀라운 효과

스파이더맨이 거미를 모티브로 한 캐릭터라는 건 다들 아실 겁니다. 하지만 영화보다 더 영화 같은 일이 실제로 일어나고 있다면 믿어지시나요? 단언컨대 스파이더맨과 가장 흡사한 동물인 '부채거미'는 무려 우주선보다 수십 배나 빠른 속도로 거미줄을 발사하여 먹잇감을 포획합니다. 사냥의 시작은 새총 모양의 거미줄을 팽팽하게 잡은 채로 먹잇감을 기다리는 것부터지요. 이어 먹잇감이 나타나면 거미줄을 타고 날아가 순식간에 제압한답니다. 이때 부채거미의 순간 가속도는 우주왕복선이 발사될 때 가지는 최대 가속도의 26배에 달한다고 합니다. 어마어마하지요? 거의 순간 이동을 방불케 하는 엄청난 속도에 곤충들은 눈코 뜰 새도 없이 당한답니다.

부채거미는 추진력을 얻기 위해 있는 힘껏 거미줄을 잡습니다. 우리들도 어떠한 목표를 달성하기 위해서는 추진력이 필요합니다. 마음의 끈을 팽팽하게 해주는 '스트레스'가 필요하지요. 많은 사람들은 스트레스를 백해무익한 존재로 생각합니다. 물론 과도한 스트레스가 무리하게 지속되면 건강에 문제가 생기지요. 하지만 감당할 수 있는 범위 내의 스트레스는 엄청난 힘이 됩니다. 적당히 빨라지는 심장 박동은 운동 능력을 높여주기도 하지요.

스트레스의 효과는 이 밖에도 많습니다. 인체는 스트레스 상태에 놓이면 여러 가지 호르몬을 분비합니다. 그중 'DHEA' 호르몬은 뇌 기능을 강화하고, 면역 체계의 활성화를 돕지요. '옥시토신'이라는 호르몬도 분비되는데, 이는 심장 건강에 도움을 줍니다. 생물학적인 관점에서 보면, 우리는 스트레스를 받을 때 조금씩 건강해지는 강해지는 셈이지요.

이와 관련한 흥미로운 실험을 하나 소개해 드릴까 합니다. 하버드대학교 연구팀이 진행한 실험입니다. 이들은 먼저, 일부 실험 참가자들에게 스트레스에 대한 긍정적인 이미지를 심어 주었습니다. 그리고 나서, 스트레스를 유발하는 상황을 연출하며 혈관의 수축 정도를 살펴보았지요.

결과는 놀라웠습니다. 이미지 작업을 아예 하지 않고 스트레스에 노출된 참가자들은 혈관이 위축됐지만, 긍정적인 생각을 가지고 임한 참가자들은 실험 전후 혈관의 차이가 별로 없었습니다. 스트레스에 대한 인식만을 달리했을 뿐인데도, 혈관이 위축되지 않고 평상시와 같은 상태를 유지한 것입니다. 스트레스에 대항하는 신체의 반응이 마음가짐에 의해 좌지우지된다니, 정말 신기하지 않나요?

실험이 시사하는 바는 간단합니다. 보통 우리는 스트레스를 받는다는 사실 자체만으로 당황하고 분노합니다. 하지만 스트레스가 그렇게 나쁜 녀석만은 아니니, 반갑게 받아들여도 좋다는 것이지요. 부디 이제는 스트레스를 추진력 삼아, 주어진 삶의 목표를 효과적으로 사냥해 보시기를 바랍니다.

곤충 박사의 비밀 수첩

- 부채거미는 다른 거미들보다 월등히 높은 사냥 성공률을 자랑합니다.

#스트레스 #마음가짐 #동기부여

비단벌레 | 남의 시선을 신경쓰지 않아도 되는 이유

비단벌레는 화사한 몸빛이 비단과 같다 하여, 예로부터 많은 관심을 받아왔습니다. 신라 시대 왕족들도 장신구의 재료로 애용할 정도였지요. 비단벌레의 날개는 금속 성분이 포함된 특수한 구조로 이루어진 덕분에, 각도에 따라 다양한 빛깔을 띱니다. 왕족의 장신구로도 손색이 없을 만큼 영롱한 광택을 선보이지요. 하지만, 여기서 한 가지 의문이 듭니다. 과연 비단벌레의 화려한 빛깔이 생존에 도움이 될까요? 천적으로부터 몸을 숨기는 데 취약하지는 않을까요?

이와 관련한 영국 브리스틀대학교 연구팀의 실험에서는 놀라운 결과가 밝혀졌는데요. 우리의 예상과는 반대로, 화려한 무지갯빛이 오히려 뛰어난 위장 효과를 보인다고 합니다. 특히 다양한 생물들이 얽혀 있는 번잡한 환경일수록 효과가 더욱 컸다고 해요. 비단벌레의 위장 능력은 색깔만큼이나 정말 신비한 것 같습니다.

사실 비단벌레 한 마리만 놓고 보면 그 존재가 매우 두드러집니다. 위장은 어림도 없을 만큼 눈에 잘 띄지요. 하지만 나뭇잎이 우거진 풀숲에서는 이야기가 180도 달라집니다. 풀숲의 비단벌레는 마치 사막에서 바늘을 찾는 것 만큼이나 발견하기 힘들지요. 이처럼 자연에서는 인식되는 대상이 많아질수록 한 개체의 존재감은 적어집니다.

과연 사람이 사람을 인식할 때에는 어떨까요? 우리는 간혹 다른 사람의 시선을 지나치게 의식하곤 합니다. 사회심리학자 토머스 길로비치는 이와 관련하여 재밌는 실험을 진행하였습니다. 화려한 옷을 입힌 학생을 많은 사람 속에 끼어들게 하였는데요. 시간이 지난 후, 사람들에게 이 학생의 옷차림에 관해 물어보자, 예상 밖의 결과가 나왔습니다. 그토록 눈에 띄는 옷을 입었는데도, 전체의 반의반도 안 되는 소수의 사람들만이 학생의 옷차림에 대해 기억하였지요.

실험이 증명하는 바는 간단합니다. 사람들은 생각보다 훨씬 타인에게 무관심하다는 것이지요. 물론 관심을 두는 사람들도 일부 있겠지만, 그들마저도 큰 의미를 두지 않고 금방 잊어버릴 가능성이 큽니다. 비단벌레는 풀숲에 파묻혀야 존재감이 지워집니다. 하지만 우리는 어쩌면 덩그러니 있어도 위장이 가능할 수 있습니다. 다들 본인의 삶에 집중하기도 바쁠 테니까요. 혹시 남의 시선에 집착하여 만사가 피곤했다면, 이제는 그 짐을 조금 덜어보는 게 어떨까요?

#사회 #관계 #자신감

소금쟁이 | 나만의 강점에 집중하라

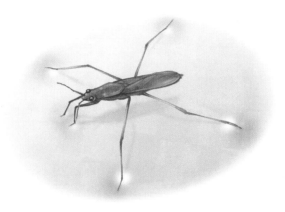

　물 위를 휘젓고 다니는 소금쟁이의 모습은 보면 볼수록 신기합니다. 평범한 생김새와 특별할 것 없는 동작으로 물 위를 마음껏 노닐지요. 언뜻 보면 다른 곤충들과 다를 바 없어 보이는 소금쟁이가 물 위를 자유자재로 거닐 수 있는 비결이 무엇일까요? 날개를 사용하는 것도 아닌데 말입니다.

　소금쟁이의 비결은 바로 '표면 장력'을 이용하는 것입니다. 표면 장력은 액체가 서로 뭉치려고 하는 힘을 말합니다. 어떠한 물체가 물 위에 뜨기 위해서는 물체에 가해지는 중력이 액체끼리 당기는 힘보다 약해야 하지요. 원리는 간단하지만 절대 쉬운 일은 아닙니다. 소금쟁이여서 가능한 일이지요. 소금쟁이는 매우 가벼운 몸을 가지고 있습니다. 그리고 긴 다리를 이용해 가벼운 체중을 더욱 분산시키지요. 덕분에 표면 장력을 잘 이용할 수 있답니다.

소금쟁이는 이에 못지 않게 부력도 잘 이용합니다. 소금쟁이의 다리에는 수많은 잔털이 나 있는데요. 물에 닿았을 때 잔털 사이에 미세한 공기층이 형성되어 물에 잘 뜨게 해준답니다. 그 효과가 어느 정도냐하면, 온 몸을 뒤덮는 파도가 쳐도 문제 없이 떠 있을 수 있지요. 소금쟁이는 이렇게 표면 장력과 부력을 활발히 이용하여 물 위에 떨어진 먹이를 주워 먹으며 살아갑니다. 뾰족한 주둥이를 사용해 먹이의 체액을 빨아먹지요.

소금쟁이는 헤엄 실력도, 비행 능력도 뛰어나지 않습니다. 하지만 긴 다리를 이용해 어떤 곤충보다도 물 위에 잘 떠 있을 수 있지요. 이렇게 타인보다 뛰어난 본인만의 능력을 '강점'이라고 합니다. 자신이 가진 강점을 잘 이용하면, 소금쟁이처럼 매우 만족스러운 삶을 살 수 있답니다. 강점을 찾는 방법은 다양합니다. 우선 전문 기관의 심리 검사를 이용하는 방법이 있습니다. 심리 전문가의 도움을 받으면 체계적으로 강점을 분석할 수 있지요. 하지만 반드시 심리 검사가 필요한 것은 아닙니다. 혼자서도 얼마든지 강점을 찾을 수 있습니다. 과거에 작성했던 일기장이 있다면 도움이 됩니다. 어렸을 때 좋아했던 일, 남들은 어려워하지만 자신에게는 쉬웠던 일이 있었는지 떠올려 보세요. 바로 이러한 일들이 여러분의 강점과 관련되어 있습니다.

　강점을 살리는 일을 하면, 남들보다 적은 노력을 들여도 많은 성과를 얻을 수 있습니다. 마치 물 위에 가만히 떠 있다가 떨어지는 먹이를 냉큼 주워 먹는 소금쟁이처럼 말이죠. 소금쟁이처럼 평범해 보이는 사람일지라도 필히 강점을 가지고 있습니다. 정신적으로든, 육체적으로든 남들보다 뛰어난 점이 최소 한 가지는 존재하지요. 아직 본인의 강점을 모르겠다면, 다양한 사람들과의 다양한 경험을 통해 강점을 찾아 가시길 바랍니다.

#강점 #능력 #경험

JAPANESE DYNASTID BEETLE

장수풍뎅이 | 잡념을 물리치는 법

무지막지한 힘 때문에 장수將帥라는 칭호가 붙은 곤충이 있습니다. 이 곤충은 무려 자기 몸무게의 50배를 번쩍 들지요. 최강의 곤충을 논할 때면 종종 사슴벌레와 호각을 다툽니다. 그 주인공은 바로 장수풍뎅이입니다. 장수풍뎅이는 매우 단순한 공격 방식으로도 최강의 자리를 유지합니다. 길다란 뿔로 적을 들쳐서 공격하지요. 집게 턱으로 깨무는 사슴벌레에 비하면 치명적이지 않지만, 충분히 위협적인 공격입니다.

게다가 장수풍뎅이는 힘만큼이나 뛰어난 방어력도 가지고 있습니다. 등껍질의 단단함은 실로 엄청나서 웬만한 벌침으로도 뚫을 수 없지요. 다른 곤충들도 이 강력함을 아는 건지, 정신없이 나무 진액을 먹다가도 장수풍뎅이가 오면 얌전히 자리를 비켜줍니다. 고작 부엽토(잎이 썩어서 된 흙)만을 먹고 자랐는데도 이런 힘이 나온다는 게 매우 신통할 따름이네요.

지금부터는 집중력에 관해 이야기해 볼까 합니다. 여러분은 어떤 일을 진행하는 와중에 잡념이 생기면 어떻게 대처하나요? 잡념이 생긴 원인을 일일이 규명하며 하나씩 떨쳐내시나요? 단언컨대 이러한 방법으로는 집중하기가 더욱더 어려울 것입니다. 다름 아닌 '반동 효과' 때문이지요. 반동 효과는 사고를 억제할수록 역설적으로 생각하고픈 욕구가 강해지는 강박적인 심리 현상을 말합니다. 오싹한 공포 영화를 본 뒤, 자꾸 떠오르는 생각에 한동안 잠을 설쳤던 경험이 있지 않나요? 무서운 장면을 생각하지 않으려 할수록, 오히려 더 선명히 떠오르는 것도 이러한 원리입니다. 잡념을 없애려는 노력이 도리어 잡념의 원동력이 된다니 신기하지요.

각설하고, 잡념을 지우는 방법은 의외로 단순합니다. 바로 가만히 내버려 두는 것입니다. 괜히 긁어 부스럼 만들지 않고, 그저 목표에만 집중하면 자연스레 잡념은 사라집니다. 장수풍뎅이가 진액을 향해 우직하게 돌진하듯이, 다른 생각일랑 말고 목표만 바라보세요. 수없이 꼬여 든 잡념 때문에 목표의 방향을 잃어버리기 전에, 정신을 바로 잡고 온전히 목표에만 집중하세요. 그러면 여러분을 괴롭히던 잡념들은 날벌레처럼 잠깐 설치다 이내 날아가 버릴 것입니다. 잡념을 물리칠 구실이나 목표가 없다면, 잡념이 사라질 때까지 잠시 자리를 떠나는 것도 좋은 방법입니다. 혹여 잡념이 여러분의 의식을 해칠까 염려하지 마세요. 차분한 자세를 취하고 있으면 저절로 단단한 마음의 갑옷이 형성되어 여러분을 보호해 줄 테니까요.

곤충 박사의 비밀 수첩

- 장수풍뎅이는 야행성으로, 주로 밤에 활동합니다.
- '헤라클레스 장수풍뎅이'는 세계에서 가장 긴 딱정벌레입니다. 몸길이가 무려 약 17센티미터에 이르지요.

#강박관념 #집중력

풀잠자리 | 결핍이 창조를 만든다

풀색을 띠는 작고 귀여운 풀잠자리를 아시나요? 풀잠자리는 자신의 몸집만큼이나 작은 곤충들을 먹고 삽니다. 풀잠자리에게는 독특한 취미가 한 가지 있습니다. 바로 사냥하고 남은 사체를 버리지 않고 몸에 지고 다니는 것인데요. 이는 사실 자신의 몸을 보호하기 위해서랍니다. 애벌레 시절에는 별다른 보호 수단이 없어서, 사체들로 몸을 가려서라도 천적의 위협을 피해야 하기 때문이지요.

사실 대부분의 애벌레는 보호색을 갖추고 있습니다. 심지어 호랑나비 애벌레는 악취가 나는 뿔을 이용해 천적을 쫓아내기도 하지요. 그에 비해 풀잠자리 애벌레는 몸집도 매우 작고, 보호색조차도 없습니다. 소위 말해 곤충계의 '흙수저'이지요.

하지만 풀잠자리는 이에 포기하지 않고, 본인만의 생존법을 찾았습니다. 사체를 짊어져서 몸을 보호한다니, 정말 기발한 방법이지요. 결핍이 창조를 만든다는 말이 바로 풀잠자리를 두고 하는 말인 것 같습니다. 여러분도 무언가 결핍을 느끼고 있다면, 그만큼 창조적인 사람이 될 수 있는 발판이라고 긍정적으로 생각해 보세요.

- 풀잠자리는 일반적인 잠자리들과 다르게 번데기 과정을 거치는 완전탈바꿈을 합니다.

#결핍 #창조 #흙수저

하루살이 | 과정의 가치

　단명의 아이콘으로 알려진 하루살이는 의외로 장수한다는 사실, 알고 계셨나요? 보통 우리는 하루살이가 하루도 채 못산다고 생각합니다. 하지만 하루살이는 애벌레로 1~3년 정도를 보내고, 성충이 되어서도 2~3일 가까이나 생존합니다. 물론 그래도 짧은 시간이기는 하지요.

　하루살이가 단명하는 이유는 '입'이 퇴화하였기 때문입니다. 유충 때는 멀쩡했던 입이 성충으로 자라나면서 퇴화하지요. 그 때문에 하루살이는 성충이 된 기쁨도 잠시, 청천벽력 같은 현실을 맞이합니다. 입이 없어서 하루이틀 만에 굶어 죽고 마는 것이지요.

　과연 하루살이에게 있어 성공이란 무엇일까요? 아마도 성충이 되어 짝짓기를 완수하는 게 아닐까 생각합니다. 짝짓기를 끝낸 하루살이는 미련 없이 제 수명을 다하고 말지요. 성충으로 보내는 시간은 유충 때와 비교하면 아주 짧은 시간입니다. 찰나의 만족을 위해 훨씬 많은 시간을 할애하는 셈이지요. 제가 감히 하루살이의 가치관을 판단해보자면, 이는 과정보다 결과에 초점을 둔 삶에 가까워 보입니다. 여러분은 과정과 결과 중에 무엇을 더 중시하시나요?

삶에 정해진 답은 없지만, 저는 과정을 중시하는 편이 좀 더 행복하다고 생각합니다. 만약 결과에 신경을 쏟는다면, 많은 압박감을 느끼며 주어진 일을 하게 되지요. 물론 최고의 성과를 내기 위해 긴장을 하는 건 멋진 태도입니다. 하지만 본인이 아닌, 오직 타인에게 인정받는 결과를 내기 위해 일을 한다면 행복을 기대하기 어렵습니다. 심리적인 압박감 때문에 즐거움이 짓눌리게 되는 건 물론, 일에 대한 자신감도 낮아져서 자꾸만 말을 삼가게 됩니다. 마치 하루살이처럼 입을 사용하지 못하지요.

또한 흥미가 없는 상태로 완벽한 결과를 추구하려다 보니 과부하 상태가 되어 일을 그르치기도 합니다. 좋은 결과가 나온다 해도 만족감에 젖는 건 잠깐뿐입니다. 곧바로 다음 일에 대한 부담감에 얽매이고 말지요. 다음에는 더 좋은 결과를 내야 한다는 부담감에 사로잡혀 새로운 도전이 꺼려지기도 한답니다.

반면에 과정을 중시한다면, 이러한 압박이 대부분 사라집니다. 어느 정도 여유가 생긴 만큼, 더 많은 즐거움을 누리지요. 과정을 중요하게 여기는 사람들은 스스로 만족하는 법을 압니다. 혼자만으로도 충분히 행복하기에, 타인이 주는 칭찬과 보상에 얽매이지 않지요. 또한 이들은 다른 사람의 영향 없이도 자신만의 동기를 잘 생성해냅니다. 탁월한 동기 부여로 인해, 찰나의 행복에 안주하지 않고 매번 새로운 목표에 도전하지요. 자신에게 주어진 인생이 유한하다는 것을 알고 거리낌 없이 도전합니다.

지금까지 상반된 두 종류의 삶을 묘사해 보았습니다. 어떤 삶이 옳다고는 단정하여 말할 수 없겠지요. 특히 현대 사회를 살아가면서 타인의 시선과 부담으로부터 완전히 자유롭기는 힘들 것입니다. 그러므로 자신만의 기준과 세상의 기준을 적절히 조화시킨 삶을 살아 보세요. 그리고 그 속에서 과정의 즐거움을 찾아보는 건 어떨까요?

곤충 박사의 비밀 수첩

- 하루살이는 여러 번의 탈피를 통해 아성충(버금 어른벌레)이라는 과정을 거쳐 성충(어른벌레)으로 자랍니다.

#업무 #완벽주의 #과정

호랑나비 | 스트레스에 대항하는 방법

호랑나비는 날개의 무늬가 호랑이를 닮아서 범나비라고도 불립니다. 이러한 무늬는 천적으로 하여금 호랑나비와 주변 환경을 구분하기 어렵게 만들지요. 호랑나비는 보호색의 고수입니다. 어릴 때부터 보호색을 능수능란하게 다룰 줄 알지요. 또한 호랑나비는 성장 단계에 따라 다른 보호색을 드러내는 곤충입니다.

애벌레 시절에는 새의 배설물과 비슷한 색으로 위장합니다. 이는 주변 환경과 조금 다르더라도 거들떠보는 이가 없을 만큼 아주 뛰어난 위장 효과를 자랑하지요. 조금 자라서는 보호색과 더불어 '취각'이라는 호신용 무기를 사용합니다. 뜻을 풀이하자면 '냄새나는 뿔'인데, 이를 사용하여 천적들을 쫓아낸답니다. 평소 다른 식물로부터 악취가 나는 성분을 모아 취각에 저장했다가, 위급 상황에 요긴하게 써먹는 방식이지요. 번데기가 되기 직전에는 주변 환경과 비슷하게 몸을 위장합니다. 만약 나뭇가지에 매달려 번데기가 될 예정이라면, 나무와 비슷한 갈색으로 몸빛을 바꾸지요. 큰 덩치의 호랑나비는 이렇게 치밀한 위장술이 뒷받침되어야만 천적을 피해 무사히 날개를 펼칠 수 있답니다.

호랑나비를 위협하는 포식자 같은 존재는 우리의 일상에도 있습니다. 바로 정신 건강을 위협하는 과도한 스트레스입니다. 우리는 호랑나비처럼 악취를 무기로 쓰지는 않지만, '방어 기제'라는 심리적인 수단을 사용해 스트레스에 대항하지요. 방어 기제는 감정적 상처로부터 자신을 보호하기 위한 행동을 말합니다. 사람의 감정이 다양한 만큼, 방어 기제의 종류도 다양하지요. 대표적으로, 회피하는 유형의 방어 기제가 있습니다. 이 유형은 마치 감정에 보호색을 입힌 것처럼, 마음속의 문제를 감추는 행동을 하지요.

이와 반대로, 표출하는 유형의 방어 기제도 있습니다. 애벌레가 취각을 드러내듯이 감정의 불만을 부정적인 행동으로 드러내는 편이지요. 앞서 말한 두 가지 방어 기제는 감정의 상처를 털어내는 효과가 있지만, 근본적인 문제 해결에는 도움이 되지 않습니다. 지금 당장은 괜찮게 느껴질지라도 훗날 더 큰 문제를 불러오기 때문인데요. 가능하다면 근본적인 해결책을 찾아야 합니다. 그러므로 이를 위해 자신의 방어 기제를 뚜렷이 인지하는 것이 중요합니다. 자신이 어떤 성향인지 알아야만 적절한 방법으로 스트레스에 대처할 수 있으니까요.

방어 기제는 워낙 무의식적으로 발현되기 때문에, 스스로 알아채기는 힘듭니다. 오히려 주변에서 나를 지켜봐 온 타인이 더욱 잘 아는 경우도 많지요. 부디 혼자서만 해결하려 하지 말고, 주위 사람들과 적극적으로 소통하세요.

방어 기제를 파악했다면, 점차 긍정적인 방법으로 수정해 나가세요. 육체적인 활동을 통해 스트레스를 증발시키거나, 예술 활동을 통해 승화시키는 것도 좋습니다. 때로는 곤경에 처한 타인을 도와주며 감정적인 만족감을 느끼는 것도 훌륭한 방법이지요. 바람직한 방어 기제는 커다란 날개와도 같기 때문에, 여러분의 감정이 곤두박질치는 걸 막아 줄 것입니다.

곤충 박사의 비밀 수첩

- 호랑나비 애벌레는 4번이나 허물을 벗고 번데기가 됩니다. 그리고 번데기의 상태로 겨울을 보낸답니다.

#방어기제 #스트레스

모기의 전염병 공격이
통하지 않는 사람이 있다?

모기가 무서운 이유는 바로 전염병 때문입니다. 치명적인 병균을 전파해 연간 수십만 명의 목숨을 앗아가지요. 이는 인간들끼리의 전쟁으로 인해 발생한 사망자보다 많은 수입니다. 모기는 대표적으로 '말라리아'라는 전염병을 옮겨, 많은 사람을 사망에 이르게 하는데요.

놀랍게도 세상엔 이 말라리아에 뛰어난 면역력을 갖춘 사람들이 존재한답니다. 대개 말라리아 기생충은 인간의 적혈구에 붙어서 생존합니다. 그런데 이들의 적혈구는 기생충이 생존하기 힘든 환경을 갖추어서, 기생충이 침투해도 말라리아에 감염되지 않지요. 하지만 빈혈을 비롯한 다양한 생리적 결함 때문에 오래 살기가 힘들다는 단점이 있습니다.

곤충의 가르침 3

다리

험한 세상 속에서 우뚝 서는 법

가시개미 | 컴퓨터 바이러스를
예방하는 법

곤충을 주제로 첩보 영화를 찍는다면 주인공으로는 가시개미가 제
격일 것입니다. 영화 제목은 '여왕개미 암살 작전' 이 적당할 것 같네요.
이 영화의 전반적인 이야기는 다음과 같습니다.

주인공인 가시개미는 적군의 여왕개미를 죽이기 위해 작전을 수행
합니다. 먼저 개미굴에 잠입하기 위해 일개미를 노립니다. 일개미를 제
압한 다음, 자신의 몸을 비벼 페로몬을 복사하지요. 그리고 복사한 페
로몬으로 위장한 채 적군의 개미굴로 들어갑니다.

페로몬을 바르긴 했으나, 아직 안심하긴 이릅니다. 개미들이 조금
이라도 이상한 낌새를 눈치채면 가차없이 공격 당할 테니까요. 아무리
단단하고 뾰족한 외골격을 가진 가시개미라도 집단 공격에는 살아남
기 힘들지요. 실제로 많은 가시개미가 여왕개미를 마주하기도 전에 죽
임을 당합니다. 운이 좋게 여왕개미의 방까지 도달한다 해도 마냥 기
뻐할 수는 없습니다. 거대한 덩치의 여왕개미와 전면전을 벌여야 하
기 때문이지요.

그렇게 어렵사리 여왕개미를 제압한 다음, 페로몬을 복제하고 나서
야 마침내 개미 왕국은 가시개미의 것이 됩니다. 힘든 과정을 거친 만

큼 엄청난 성과를 거두지요. 가시개미는 왕국을 정복하고 나서도 번식을 게을리하지 않습니다. 자신의 유전자를 가진 세력을 점점 키워나가며 진정한 가시개미 왕국을 완성하지요.

가시개미의 암살 작전은 컴퓨터 바이러스가 컴퓨터를 감염시키는 과정과 비슷합니다. 신분을 속이고 몰래 잠입하여 끝내 정복하는 전개를 따르지요. 이 둘은 보안이 아무리 삼엄해도 공격을 멈추지 않는다는 공통점이 있습니다. 가시개미가 잠입을 통해 왕국을 가질 수 있는 것처럼, 바이러스를 이용한 공격도 적은 비용으로 큰 이익을 볼 수 있는 범죄 행위이기 때문입니다. 가시개미는 페로몬을 복사하여 적군의 후각을 속입니다. 나름대로 훌륭한 방법이지만, 컴퓨터 바이러스의 능력에 비하면 애교 수준이지요.

컴퓨터 바이러스는 그 접근법이 매우 다양합니다. 해커들은 보통 스팸 메일이나 문자를 통해 사용자가 직접 바이러스를 내려받게끔 유도하는 방법을 선호합니다. 공신력 있는 컴퓨터 프로그램을 모방하여 교묘하게 의심을 피해가지요. 그러므로, 조금이라도 의심쩍은 메시지는 스팸으로 등록하고 출처가 확실하지 않은 파일은 내려받지 않아야 합니다. 불안하다면 백신 프로그램을 설치하여 항상 보안을 감시하는 것도 좋습니다.

이렇게 메일이나 문자로 퍼지는 악성 코드만 조심해도 안전할 수 있으면 좋겠지만, 중대한 위험 요소가 하나 더 있답니다. 바로 우리가 항상 사용하는 와이파이Wi-Fi입니다. 별다른 의심없이 사용하는 와이파이를 통해서도 바이러스가 컴퓨터 및 스마트폰으로 침입할 수 있습니다. 이를 막기 위한 방법도 있지요. 만약 개인 와이파이를 이용한다면 비밀번호를 주기적으로 바꿔주는 것이 좋습니다. 또한 공용 와이파이를 사용할 경우에는 보안이 강화된 와이파이를 사용하고, 되도록 금융 거래를 자제하는 것이 좋습니다.

물론 이 모든 수칙을 지키더라도 공격 당할 가능성은 있습니다. 그러니 만일의 사태를 대비하여 중요한 정보들은 미리 안전한 곳에 복사(백업)해 두시기를 권장합니다. 기기는 고장이 나면 바꿀 수 있지만, 소중한 정보는 그럴 수 없으니까요. 이상 보안을 지키는 방법에 대해 알아보았습니다. 부디 정보화 시대의 가시개미를 항상 경계하시길 바랍니다.

곤충 박사의 비밀 수첩

- 가시개미는 개미굴을 침략하기 전, 결혼 비행을 하여 수개미와 교미를 끝마칩니다.

#정보보안 #범죄 #컴퓨터바이러스

꿀벌 2 | 모든 땀의 무게는 같다

꿀벌은 한두 송이의 꽃에서 나온 꿀로도 충분히 배를 채울 것 같은 아담한 몸집을 가졌습니다. 그러나 보기와는 다르게, 꿀벌은 매일 수천 송이의 꽃을 오가며 꿀을 모읍니다. 꿀벌의 입장에서는 단순히 꿀을 채집할 목적으로 바삐 움직이지만, 사실 이는 꽃들이 번식하는 데에도 큰 도움이 되지요. 꿀벌이 옮겨다니며 꽃의 유전자가 담긴 꽃가루를 운반하기 때문입니다. 수술에서 배출된 꽃가루를 다른 꽃의 암술에 묻히며 번식을 도와주지요. 꽃은 꿀벌에게 꿀을 주고, 효과적인 수분(꽃가루받이)을 제공받습니다. 또한 꽃은 꿀을 깊이 숨겨놓음으로써 꿀벌이 꽃가루를 많이 묻혀가도록 유도합니다. 더욱이, 한번에 얻을 수 있는 꿀의 양도 적어서 꿀벌은 수많은 꽃을 오갈 수밖에 없지요.

이와 같은 공생 관계는 오래전부터 생태계를 이끌어가는 주요한 원동력이 되어왔습니다. 게다가 꿀벌의 역할은 인류의 존립과도 직결될 만큼 매우 중요하지요. 유엔 식량 농업 기구FAO에 따르면, 전 세계의 식량 중 3분의 2에 해당하는 작물이 꿀벌의 수분을 통해 생산된다고 합니다. 다른 곤충들도 꽃가루받이를 하지만, 꿀벌에 비할 수는 없습니다. 만약, 주축이 되는 꿀벌이 멸종한다면 인류는 대규모 식량난에 허덕일 수 있겠지요. 실제로 최근 환경 오염으로 인해 꿀벌의 개체 수가 감소하는 추세라니, 매우 걱정입니다.

사실 벌에게 있어, 꿀을 구하러 나가는 건 꽤나 힘들고 위험한 일입니다. 천적들에게 공격받을 위험을 감내하고 수많은 꽃을 일일이 탐색해야 하지요. 하지만 집단이 차질없이 돌아가려면, 누군가는 필히 해야 합니다. 이와 비슷하게 우리 사회에도 일명 3D 직종이라고 불리는 직업들이 있습니다. 힘들고Difficult, 위험하고Dangerous, 지저분한Dirty 환경에서 일하는 직업들을 일컫는 말이지요. 힘든 일인 만큼 사회적으로 중요한 역할을 하기에 이들은 존경을 받아야 마땅합니다. 그렇지만 아직도 사회에는 이들을 배척하는 분위기가 존재합니다.

근본적인 문제를 살펴보면, 경쟁적인 사회 분위기 때문인 것으로 느껴집니다. 치열한 경쟁 속에서 살아가는 탓에, 항상 자신보다 열등한 대상을 찾아야만 자존감이 유지되는 셈이지요. 상당히 안타까운 현상입니다. 진정한 자존감은 존중을 통해 얻어지는 것인데도 말이지요. 자존감은 자신만큼이나 상대방도 똑같이 존중해야 얻을 수 있습니다. 한 마디로 존중은 자'존'감의 '중'심인 셈이지요. 3D 직종과 같이 힘든 일에 종사하는 사람들은 분명히 공익에 이바지하는 바가 있습니다. 하지만 그 이전에, 강인한 정신력만으로도 충분히 존중받을 만하지요. 이들 덕분에 사회가 발전하는 것은 자명한 사실입니다. 부지런한 꿀벌로 인해 많은 작물이 자라나듯, 이들이 흘린 땀은 사회를 움직이는 원동력이 됩니다.

다양한 직업에 대한 존중이 없는 사회는 단연코 성장하기 힘들 것입니다. 여러분도 언제 어디서 어떤 일을 하게 될지 예상할 수 없으니, 무심결에라도 누군가를 차별하지 않도록 조심하시길 바랍니다. 모든 사람이 흘리는 땀의 무게가 같은 만큼, 그 노력 또한 평등하다는 걸 명심하세요.

#직업 #차별 #존중

노래기 | 고정 관념을 탈피하라

가장 먼저 육지에 발을 디딘 생물은 무엇일까요? 아마도 동물보다는 단순한 구조의 식물 중에 그 주인공이 있지 않을까 싶은데요. 현재까지 밝혀진 바에 의하면, 놀랍게도 절지동물의 일종인 프네우모데스무스Pneumodesmus가 최초로 육지를 밟았다고 합니다. 우리가 잘 아는 노래기의 조상이지요. 그리스어로 '숨쉬는 띠'라는 이름의 프네우모데스무스는 가장 먼저 산소를 호흡한 육상 동물입니다.

이들은 고생대 오르도비스 후기에 등장하였는데, 이때는 오존층조차 형성되지 않은 시기였습니다. 하지만 딱딱한 외골격과 뛰어난 신체 구조 덕분에 성공적으로 살아남을 수 있었지요. 노래기는 지금까지 무려 4억 년이 넘는 시간 동안 땅 위에 발자취를 남기고 있는 셈입니다. 기다란 몸통에 촘촘히 달린 수많은 다리가 노래기가 지나온 세월을 증명해 주는 것 같습니다.

노래기는 지네와 같은 다지류에 속합니다. 알에서 애벌레가 되고 번데기를 거쳐 성충이 되는 '탈바꿈'을 하지 않지요. 번데기 과정 대신, 탈피 과정을 거치며 점차 성숙해집니다. 골격이 몸 바깥에 있어서 커지는 몸을 감당하기 위해 껍질을 벗어내지요. 인간의 관점에서 탈피는 그저 굳은 껍질을 걷어 내면 되는 간단한 행동으로 보일 수 있습니다. 하지만 오랜 시간동안 무방비 상태로 연약한 속살을 드러내는 것은, 곤충에게는 매우 위험한 행동입니다. 더군다나 노래기는 수많은 다리를 하나하나 빼내야 하기 때문에 결코 만만치 않은 작업이지요. 우여곡절 끝에 탈피에 성공한 노래기는 성공의 전리품을 간직하고 싶은지, 자신의 허물을 맛있게 먹습니다. 사실은 탈피각(허물)을 먹으며 필수적인 영양소를 보충하는 것이지요.

절지동물은 아니지만, 간혹 보이지 않는 외골격에 갇혀 사는 동물이 있습니다. 바로 우리 인간들이지요. 물론 항상 진취적인 삶을 영위하는 사람들도 존재합니다. 하지만 대부분의 사람은 삶의 방식에 익숙해지는 순간부터, 정해진 틀에 맞춰 살아가기 바쁩니다. 커져만 가는 성장 욕구에 답답함을 느끼면서도, 정작 틀을 부수려 하지는 않지요. 틀을 이미 깨부수었다고 착각하는 이들도 있습니다. 하지만 이 틀은 한번 부순다고 끝나는 것이 아닙니다. 삶에 대한 고정 관념은 허물과도 같아서 평생 생겨날 테니까요.

고정 관념이 무조건 나쁜 것은 아닙니다. 익숙한 일과 관련이 없는 생각을 경계하고, 필요한 일에 집중하도록 도와주지요. 다만 창의적인 사고가 힘들어집니다. 어떠한 상황이 닥쳐도 축적된 지식과 경험으로만 해결하려 하지요. 그 기간이 오래될수록, 일에 대한 자부심도 대단해져서 쉽사리 남의 조언을 들으려 하지 않습니다. 남의 의견을 수용하면 지금껏 쌓아온 자신의 경험이 쓸모없어지는 것 같아 두려운 감정이 생기지요. 하지만 그렇지 않습니다. 쌓아왔던 경험이 바탕이 되기에 새로운 의견을 이해할 수 있으니까요.

노래기는 자신의 허물을 다시 섭취하여 새로운 성장을 위한 자양분으로 사용합니다. 우리 또한 굳어진 사고의 틀을 부수고, 지식을 재조합하여 새로운 가능성을 추구해나가야 합니다. 나이가 많은 절지동물일수록 껍질이 두꺼워져 탈피가 어려워지듯, 인간도 조금이나마 젊을 때 변화에 익숙해져야 합니다. 변화가 확실한 발전을 보장해주진 않지만, 발전하려면 반드시 변화가 필요하다는 점을 명심하세요.

#변화 #고정관념 #창의력

대벌레 | 편할수록 편협해진다

동물은 생존을 위해 주변 환경의 색이나 형태를 흉내내기도 합니다. 이를 의태라고 하는데, 대벌레는 의태 분야에서 뛰어난 전문가입니다. 언뜻 보면 구별이 되지 않을 정도로 나뭇잎이나 나뭇가지를 완벽하게 따라하지요. 대벌레가 포식자를 피하는 법은 간단합니다. 따로 보금자리를 만들 필요도 없이, 그저 나무에 잠자코 기대고만 있어도 안전하지요. 혹시나 공격을 받으면 죽은 척을 하거나 다리를 떼고 도망갑니다. 이렇게 떼어낸 다리는 금방 재생되지요. 대벌레에게도 날개가 있긴 하지만 퇴화되어 날지 못한답니다.

대벌레는 주변 환경을 영리하게 이용하여, 적은 수고로 최대의 효과를 누립니다. 다만, 환경에 너무 의존한 나머지 스스로 위기에 대처하는 능력이 모자라지요. 적을 만나면 도망가거나 죽은 척을 하는 게 고작이랍니다. 이렇듯 풍족한 환경은 성장의 밑거름이 될 수도 있지만, 반대로 성장을 제한시키기도 합니다. 삶이 편한 만큼 사고방식도 편협해질 위험이 있지요. 확실한 목적을 가지고 살지 않으면, 사는 대로 생각하게 되는 법입니다. 마치 실속 없는 대벌레의 날개처럼, 위기가 닥쳐도 허울뿐인 생각을 하게 되지요.

험한 세상 속에 기댈 만한 환경이 있다는 건 행운입니다. 하지만 세상에 영원한 것은 없듯, 여러분을 둘러싼 주변 환경은 언제든지 바뀔 수 있습니다. 주어진 행운이 불행으로 바뀌어도 이겨낼 수 있도록, 최대한 자주적인 능력을 함양하세요.

#환경 #적응 #독립성

HORNET

말벌 2 | 여왕벌 리더십의 비결

역사 속에 등장하는 왕들은 대부분 부모로부터 왕위를 물려받아, 태어날 때부터 죽을 때까지 호강하는 삶을 삽니다. 이처럼 말벌을 이끄는 여왕벌도 다를 바 없이 한평생 호의호식하며 살 것으로 생각하는 경우가 많습니다. 하지만, 여왕벌은 의외로 순탄치 못한 삶을 산다는 사실을 아시나요? 파란만장한 여왕벌의 생애는 다음과 같습니다.

여왕벌은 처음엔 아주 화려한 생활을 누립니다. 특별한 여왕용 육아방에서 태어나, 충분한 영양을 공급받으며 자라지요. 그러나 이제부터 고생이 시작됩니다. 성충이 된 여왕벌은 짝짓기를 위해 벌집을 나옵니다. 그리고 페로몬을 이용해 수컷을 유인하지요. 성공적으로 교미를 마치면 혹독한 겨울을 보낼 채비를 합니다. 충분한 영양소를 섭취하는 건 물론이고, 몸이 어는 것을 막아주는 글리세롤 성분도 비축해 두지요. 준비를 모두 마친 여왕벌은 땅속이나 나무 틈에서 가만히 겨울을 지냅니다.

무사히 겨울을 보내고 나면 왕국 건설을 본격적으로 추진하는데, 적당한 장소를 모색하여 새로운 둥지를 짓기 시작하지요. 일벌들이 자라날 때까지 여왕벌은 이 모든 일을 혼자 진행합니다. 집을 짓고, 알을 낳고, 먹이를 사냥하며 벌들을 하나하나 키워내지요. 지극정성으로 돌본 일벌들이 제구실을 할 만큼 자라면, 여왕벌은 그제야 한숨을 돌린답니다. 사냥을 쉬며 알을 낳는 것에만 집중하지요. 나머지 잡일들은 일벌들이 도맡아 처리합니다. 그리고 가을이 되어 둥지가 커지고, 차기 여왕벌이 탄생할 때까지 여왕벌의 집권은 계속되지요.

말벌 여왕벌은 뛰어난 독립성을 발휘합니다. 성공적인 독립을 이루어 주는 세 가지 조건을 모두 갖추고 있지요. 첫 번째 조건은 확실한 목표입니다. 여왕벌은 남부럽지 않은 환경에서 태어났지만, 현실에 안주하지 않고 이내 집을 박차고 나옵니다. 이것이 가능한 이유는 자신만의 왕국을 만들겠다는 당찬 목표를 가졌기 때문이지요. 목표가 뚜렷하면 힘들어도 지체하지 않고 철두철미하게 움직일 수 있습니다.

두 번째 조건은 대비 능력입니다. 여왕벌은 최악의 상황을 고려하여 미리 필요한 것들을 준비하였습니다. 추운 겨울을 나기 위해 필요한 영양소를 열심히 비축해두고, 그 덕을 보았지요. 이처럼 최악의 상황을 대비하는 태도는 독립적인 삶을 사는 데 반드시 필요합니다. 위험에 처했을 때 누군가가 도와주지 않아도, 스스로 해결할 수 있기 때문이지요.

세 번째 조건은 실행력입니다. 만약 여왕벌이 체면을 차리기 위해 가만히 앉아 일벌들을 기다렸다면 어땠을까요? 아마도 쓸쓸하게 죽음을 맞이했을 겁니다. 도와주는 이 없이 혼자만의 여정을 떠나기 위해서는 불굴의 실행력이 필요합니다. 여왕벌은 열악한 현실을 자각하고 최선을 다해 노력했습니다. 그 덕분에 머지않아 일벌들의 도움을 받으며 성공적으로 왕국을 건설하였지요. 이처럼 무언가에 열정을 보이면, 그 열정에 감동한 자들이 도움을 주기도 합니다. 이처럼 뚜렷한 목표와 대비 능력, 그리고 실행력은 스스로 무언가를 하는 데 있어 꼭 갖추어야 하는 요소입니다.

독립성은 여왕벌처럼 집단의 리더를 꿈꾸는 사람들만의 전유물이 아닙니다. 우리는 모두 각자의 삶 속에서 끊임없는 독립성을 발휘하며 살아가야 할 것입니다. 부디 안일한 태도를 경계하고, 이 세 가지 조건을 유념하여 삶을 주체적으로 다스리시길 바랍니다.

#독립성 #목표 #위기 #실행력

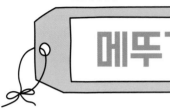

메뚜기 | 사회 초년생의 마음가짐

메뚜기는 농부들이 가장 무서워하는 동물입니다. 사람을 병들게 하는 치명적인 독침을 가진 것은 아닙니다. 하지만 그보다 더 무시무시한 식성으로, 곡식을 무지막지하게 먹어치워 버립니다. 일부 거대한 메뚜기 떼는 출몰 지역에 식량난을 초래하는 경우도 있지요. 주위 환경에 따라 보호색을 변화시키는 바람에 좀처럼 찾기도 힘듭니다. 다만 소리는 확실하게 들리는데요. 수컷 메뚜기는 날개와 다리를 비벼서 소리를 냅니다. 이렇게 발생한 소리를 배에 자리한 청각 기관으로 들으며 서로 소통하지요.

메뚜기는 불완전탈바꿈을 합니다. 번데기가 되는 대신, 여러 번의 탈피를 거쳐 성충으로 크지요. 어린 메뚜기의 모습은 어른벌레와 똑 닮았습니다. 단지 덩치만 작을 뿐, 애벌레는 하는 짓도 어른벌레와 비슷합니다. 그래서 간혹 먹을 것을 가지고도 어른벌레와 경쟁하지요. 메뚜기 애벌레는 다 자라고 나면, 굵은 뒷다리로 활기차게 뛰어다니며 튼튼한 턱으로 곡식을 씹어 먹습니다.

우리 사회에는 메뚜기 애벌레처럼, 어릴 때부터 생활 전선에 뛰어드는 이들이 있습니다. 우리는 이들을 사회 초년생이라고 부르지요. 아직은 능력이 미숙하지만, 노련한 어른들과 함께 선의의 경쟁을 치릅니다. 그런데, 이들이 훌륭한 사회인으로 적응하기 위해서는 세 가지 요소가 갖춰져야 합니다.

첫 번째는 추진력입니다. 메뚜기처럼 엄청난 추진력으로 다양한 장소에서 많은 일을 경험해보아야 합니다. '젊어서 고생은 사서도 한다'는 말이 있습니다. 이는 아직 시간이 많으니 되는대로 행동하여 많이 실패해도 좋다는 뜻이 아닙니다. '실패'가 아니라 '성공에 도움이 되지 않는 것'을 알기 위해 부지런히 도전하라는 뜻입니다. 그래야만 인생의 낭비를 줄이고 보다 빠르게 성공에 도달할 수 있기 때문입니다.

두 번째는 습득력입니다. 사회 초년생들은 사회에 대한 경험이 백지 상태에 가까운 만큼, 새로운 지식을 습득할 여지가 충분합니다. 마음껏 경험하되, 한 가지 조심해야 할 점이 있습니다. 지식을 습득할 때, 분별력 없는 태도를 보이지 마세요. 새로운 지식이라고 무조건 받아들이지 않도록 경계해야 합니다. 메뚜기가 포식자와 암컷의 소리를 혼동하지 않듯, 정보의 신뢰도를 분별하여 받아들이는 습관을 기르세요.

마지막은 소통 능력입니다. 소통의 중요성은 아무리 강조해도 지나치지 않습니다. 세상에 혼자서 하는 일은 거의 없기 때문이지요. 조언을 구하거나 협력을 제안하는 순간이 오면, 개개인의 소통 능력에 따라 성과도 천차만별로 나뉩니다. 사회생활을 하다 보면 탁월한 소통 능력을 타고난 사람들을 만나기도 합니다. 하지만 여러분이 주눅들 필요는 없습니다. 소통에서 중요한 건 겸손이니까요. 제대로 된 소통을 하려면, 자신의 의견을 주장하기 전에 상대를 먼저 이해하는 겸손함이 필요합니다.

이렇게 추진력과 습득력, 그리고 소통 능력을 양껏 발휘하다 보면 성장의 시기가 찾아옵니다. 탈피 과정처럼 여러 번에 걸쳐서, 혹은 수없이 많이 찾아올 수도 있지요. 여러분이 이 성장의 껍질을 어떻게 헤쳐가느냐에 따라서 먼 훗날 크게 성장할 수도 있고, 그렇지 않을 수도 있습니다.

곤충은 탈피하는 순간에 가장 연약한 모습을 드러냅니다. 심지어 빨리 움직이지도 못하기 때문에, 포식자들의 위협에 그대로 노출되지요. 마찬가지로 우리도 성장의 기회에 직면했을 때, 엄청난 불안감에 시달릴 수 있습니다. 자신의 단점이 그대로 노출될 것 같은 두려움에 일이 손에 잡히지 않기도 하지요. 하지만 가만히 기다린다고 성장의 허물이 알아서 벗겨지는 건 결코 아닙니다. 발전을 갈망했던 만큼 사력을 다해야만 합니다. 부디 끈질기게 허물을 걷어내고 당당히 꿈을 펼치세요. 지금은 감당하기 어려운 기회처럼 느껴져도, 지나고 보면 시야를 겨우 가릴 정도의 얇은 막에 불과할 것입니다.

곤충 박사의 비밀 수첩

- 메뚜기는 땅속에 구멍을 파고 알을 낳습니다.

#기회 #사회 #관계 #사회초년생

모기 | 보이스 피싱에 대처하는 법

모기는 여름철마다 우리에게 작은 악몽을 선사하는 곤충이지요. 물불 가리지 않고 덤벼서 피를 빠는 바람에, 참기 힘든 가려움을 유발합니다. 날갯짓 소리는 또 어찌나 시끄러운지, 방안에 단 한 마리만 있어도 잠이 달아나지요. 게다가 활발히 전염병을 옮기는 탓에, 매년 '인간을 가장 많이 죽이는 최악의 동물'로도 꼽힙니다. 이렇듯 모기는 행동 하나하나가 인간을 괴롭히는 데 최적화되어 있습니다.

사실 모기가 항상 피를 빠는 것은 아닙니다. 평상시에는 식물의 즙을 주된 먹이로 삼지요. 하지만 산란기의 암컷은 단백질을 보충하기 위해 온혈 동물의 피를 섭취합니다. 암컷 모기는 동물이 배출하는 이산화

탄소와 땀의 젖산 성분을 감지하여 숙주를 찾아내지요. 그리고 숙주가 눈치채지 못하게 조심스레 살갗에 앉은 뒤, 속전속결로 작업을 진행합니다. 특수한 후각 기관을 이용하여 정확히 혈관을 찾아낸 다음, 주둥이를 꽂아 넣습니다. 혈관에 침을 박고 나면, 펌프 작용을 이용해 끈적한 피를 막힘없이 뽑아냅니다. 이 과정에서 피가 굳는 것을 막기 위해 항응고 성분을 주입하는데요. 모기에 물렸을 때 가려운 이유가 바로 모기의 침 성분에 대항해 우리 몸이 면역 반응을 일으키기 때문이랍니다.

우리 사회에도 모기 같은 사람들이 존재합니다. 남이 방황하는 틈을 타 어떻게든 잇속을 챙겨보려는 간사한 자들이지요. 대표적인 예로 보이스 피싱 사기꾼이 있습니다. 사기꾼들은 열심히 땀흘려 일하는 사람들을 표적으로 삼습니다. 그만큼 갈취할 재산이 많기 때문이지요. 피해자의 신분이 대강 파악되면 정부 기관을 사칭하거나 지인의 SNS 계정을 해킹하여 자연스레 접근합니다. 심지어 정부 기관과 같은 번호로 발신되도록 조작하기 때문에, 사람들의 의심과 경계를 빠져나가는 경우가 많습니다. 그리고 피해자가 수화기를 들면, 모기처럼 예리한 주둥이를 놀려 자연스럽게 금융 거래를 요구하지요.

하지만 반드시 기억할 것은, 정부 기관은 국민에게 개인정보를 물으며 돈을 요구하지 않습니다. 그러므로 조금이라도 의심이 든다면 전화를 끊고 해당 기관에 직접 확인해 보아야 합니다. 피해를 막기 위해서는 우선 피하는 수밖에 없습니다. 개인 정보를 많이 알고 있다고 해서

현혹되지 않게 조심하세요. 모두 불법적인 경로를 통해서 취득한 정보일 뿐이니, 서둘러 관련 기관에 도움을 요청해야 합니다.

　이처럼 사기꾼에게 빌미를 잡히지 않으려면, 평소 개인 정보를 철저히 관리해야 합니다. 더불어 보이스 피싱 예방 앱을 이용하면 많은 범죄를 사전에 차단할 수 있습니다. 보이스 피싱 사기꾼들은 모기보다도 더 감쪽같은 솜씨로 매년 수만 명의 피해자와 수천억 원의 피해를 일으키고 있는데요. 개인 정보를 지키는 올바른 생활 습관과 신속한 대처로 손해 보는 일이 없기를 바랍니다.

곤충 박사의 비밀 수첩

- 모기는 가벼운 몸과 방수가 되는 잔털로 인해 빗방울을 맞아도 금방 빠져나온답니다.

#보이스피싱 #사기 #범죄

불나방 | 자기만의 나침반을 만들어라

불나방은 그 이름처럼 불길이 이는 듯한 화려한 날개를 자랑합니다. 주광성 동물인 불나방은 불빛을 보면 달려드는 습성이 있습니다. 설사 그것이 매섭게 타오르는 불구덩이라 할지라도, 앞뒤 가리지 않고 뛰어들지요. 불나방은 왜 이러한 행동을 보이는 걸까요? 빛을 좇는 성질은 불나방뿐만 아니라 대부분의 야행성 곤충이 가지고 있는 특성입니다.

이들은 빛을 비행의 기준이 되는 나침반으로 삼습니다. 보통 곤충은 달빛을 기준으로 비행하는데요. 빛이 양쪽 눈에 같은 밝기로 보이도록 위치를 조정하여 빛과 평행하게 날아다닙니다. 사실, 달은 지구와 아주 멀리 있지요. 그렇기 때문에 지표면에 균등한 밝기로 반사된 달빛을 따라, 곤충들은 지표면과 비스듬하게 날 수 있습니다. 빛을 향해 무작정 돌진하는 게 아니랍니다. 그렇다면 간혹 가로등에 벌레들이 부딪혀 죽어있는 이유는 무엇일까요? 이는 가로등이 사방으로 불빛을 발산하기 때문입니다. 가로등은 달과 달리 모든 방향으로 빛을 내뿜기 때문에, 가로등 빛에 평행하게 날려면 주위를 빙빙 맴도는 수밖에 없습니다. 그렇게 주위를 돌다가 조금이라도 궤도가 틀어지면 서서히 불빛에 빨려 들어가 타죽게 되지요.

세상의 모든 일에는 기준이 있습니다. 우리는 어떠한 일을 할 때마다, 세상의 기준을 참고하여 자신에게 가장 알맞은 방식을 고안합니다. 사소하게는 장을 보는 것부터, 나아가 직업을 고르는 것까지 속속들이 사회적 기준의 영향을 받지요. 사회적 기준은 물론 많은 사람에 의해 정해진 것이지만, 가끔은 너무 매정하게 기준선이 그어질 때가 있습니다. 가령, 매스컴에서는 '안정적인 인생을 위해서는 어느 수준의 학벌과 재산이 있어야 한다'며 비현실적인 수치를 내세우지요. 우리는 인생의 성공이 정량적인 수치만으로 판단되는 것이 아님을 알고 있습니다. 알고는 있지만, 울며 겨자 먹기로 정해진 기준을 따르곤 하지요. 이는 자신의 삶에 대한 주관적인 판단이 바로 서지 않았기 때문입니다.

본인의 통찰력으로는 앞길이 보이질 않으니, 어둠을 피해 거친 세상의 불빛으로 한사코 달려드는 것이지요. 하지만 삶의 기준점을 찾고 안심하기도 잠시, 속마음은 점점 타들어 갑니다. 본인이 가진 이상과 동떨어진 현실 사이에서 커다란 괴리감을 느끼며 고통받는 경우가 많습니다. 뒤늦게 삶의 방향을 바꾸려 해도, 이미 타버린 날개로는 삶의 관성을 멈추는 것조차 힘들겠지요.

자신이 가진 삶의 방식을 고려하지 않고 무조건 세상의 기준을 따르면, 이처럼 비극적인 결말을 맞을 것이 불 보듯 뻔합니다. 막연한 기준은 불길과도 같아서 여러분을 집어삼키거나, 돌연 꺼지며 여러분을 방황하게 만들지요. 부디 스스로에 대한 탐구를 거듭하여 달빛과 같이 균형 잡힌 기준을 만드세요. 목표를 향해 오래도록 비행하게 해 줄 여러분만의 나침반을 제작하세요.

곤충 박사의 비밀 수첩

- 가로등 불빛에 사로잡힌 날벌레들은 원래의 서식지로 돌아가지 못하는 경우가 많습니다.
- 달빛이 어두운 날에는 가로등 불빛이 더욱 잘 보이기 때문에 평소보다 많은 곤충이 모여듭니다.
- 곤충이 선호하는 빛의 파장을 이용하여, 해충을 박멸하는 기계도 있습니다.

#사회 #자기이해 #메타인지 #진로

송장벌레 | 부패하지 말고, 불패(不敗)하라

약육강식의 법칙을 따르는 대자연에서 동물들은 저마다의 방식으로 죽음을 맞이합니다. 포식자에게 흔적도 없이 잡아먹히는 동물이 있는가 하면, 스스로 홀연히 죽음을 맞이하는 동물도 있지요. 이렇게 덩그러니 남은 사체는 오랜 시간 동안 자연적으로 분해된답니다. '송장벌레'가 나타나기 전까지는요. 곤충계의 청소부로 불리는 송장벌레는 특별한 화학 수용체가 있는 예민한 더듬이로 먹잇감을 찾습니다. 그렇게 어디선가 동물의 사체를 발견하면, 누가 볼세라 우선 땅에 묻기 급급하지요. 송장벌레는 사체에 분비물을 뿌려 부패를 늦추고, 냄새의 흔적도 말끔히 지웁니다. 한편 암컷은 사체 곁에 알을 낳는데요. 알은 부화하자마자 사체를 먹이로 삼는답니다.

사회적으로 한창 유행했던 '흙수저'라는 단어를 아시나요? 흙수저란, 경제적인 형편이 좋지 못한 사람들을 지칭하는 말입니다. 어찌 보면 태어날 때부터 썩어 가는 먹이를 먹으며 생명을 부지하는 송장벌레의 처지와도 비슷하지요.

이들은 송장벌레처럼 밤늦게까지도 바쁘게 일하며 삶을 유지해 갑니다. 그만큼 노력의 가치를 귀히 여기고, 노력 없는 결실을 배척하려는 성향이 강하지요. 또한 세상에는 이들과 반대로 부정부패를 저지르고도 떵떵거리며 사는 소위 '금수저'도 존재합니다. 하지만 그들에게 신경쓰지 말고 본인의 삶에 집중하세요. 부정부패를 일삼는 이들은 언젠가 자신을 좀먹는 부패를 막지 못하고 비극적인 결말을 맞게 될 테니까요.

곤충 박사의 비밀 수첩

- 송장벌레 성충(어른벌레)은 먹이의 양에 맞게 유충(애벌레)의 수를 조절합니다.

- '네눈박이 송장벌레'는 유독 살아있는 벌레를 공격하여 죽인 뒤, 땅에 묻는 습성이 있습니다.

- 영국 케임브리지대학교 동물학과 연구팀의 연구 결과에 의하면, 어미의 품에서 자란 송장벌레보다 혼자 성장한 송장벌레가 턱이 더욱 발달한다고 합니다. 사람에게나 곤충에게나 '절박함'은 뛰어난 성장의 동력이 되는 것 같습니다.

#노력 #불공평 #가난

아마존 개미

정당한 근로를 위해
알아야 할 조건

많은 곤충은 살아남기 위해 다른 곤충과 공생관계를 이룹니다. 필요한 만큼 서로 도움을 주고받으며 경제적으로 살아가지요. 함께 생활하면서 어느 한쪽만 이익을 취하는 경우는 보기 드뭅니다. 기생하는 경우를 제외하고 말이지요. 그런데, 이번에 소개할 아마존 개미는 공생이나 기생을 하지 않습니다. 대신 다른 개미를 노예화하여 막대한 이익을 창출하지요.

노예를 만드는 방법은 간단합니다. 우선 정탐 개미들이 약탈하기에 적당한 개미 군락을 물색합니다. 적당한 군락을 발견하면, 곧장 동료들을 데리러 가지요. 이어서 정탐 개미가 페로몬으로 표시해 놓은 길을 따라, 수많은 아마존 개미가 적진으로 돌격합니다. 가뜩이나 약한 군락은 기습 공격까지 당해 쉽게 굴복하고 말지요. 승리를 거머쥔 아마존 개미는 군락의 번데기들을 집으로 실어 나릅니다. 그렇게 납치된 번데기들은 여왕개미가 분비하는 화학 물질의 지휘하에 평생 일만 하는 노예가 되지요. 노예 개미가 일하는 동안 아마존 개미는 게으름을 피우며 살아간답니다. 개미라는 이름에 걸맞지 않게 말이에요.

아마존 개미는 납치해 온 애벌레를 평생 부려먹습니다. 정당한 대가는 고사하고, 최소한의 자유마저 빼앗아가지요. 이와 같은 노동력 착취는 비단 개미들만의 이야기가 아닙니다. 우리 사회에서도 심심치 않게 일어나는 일이지요. 파렴치한 사업주로 인해 고통 받는 노동자가 지금도 적지 않습니다. 과연 노동자들은 납치된 번데기처럼 굴복하는 수밖에 없을까요? 절대 그렇지 않습니다. 우리에게는 노동자의 권리를 보장해 주는 '근로 기준법'이 있습니다. 법을 제대로 알고 적용하면 피해를 막을 수 있습니다.

정당한 근로를 하기 위해서는 최소한 세 가지 조건을 살펴보아야 합니다. 먼저, 일을 하기에 앞서 근로계약서를 꼭 작성해야 합니다. 근로계약서는 임금, 근로 시간, 근로 장소, 휴무일 등 일에 대한 모든 수칙을 합의해 놓은 문서입니다. 혹시 나중에 불이익을 받았을 때 당당하게 항의하려면 반드시 작성해서 가지고 있어야 합니다.

다음은 정확한 임금 계산입니다. 우선 최저 임금이 보장되는지 확인해야 합니다. 최저 임금은 국가가 정해준 노동자의 최소 임금을 말합니다. 최저 임금은 매년 바뀌므로, 근무하는 해의 최저 임금을 반드시 알고 있어야 합니다. 만약 빠짐없이 일주일을 일한다면(주 15시간 이상), 주휴 수당도 받을 수 있습니다. 이 밖에도 근로 시간과 사업장의 특성에 따라, 야간 수당과 퇴직금까지도 받을 수 있습니다. 만일 사업주가 지급을 불이행한다면, 담당 노동청에 신고하여 합당한 보상을 받으세요.

　마지막은 보험 가입입니다. 근로자가 들 수 있는 보험은 대표적으로 네 가지가 있습니다. 각각의 보험들은 질병이나 상해, 실업을 겪었을 때 금전적인 도움을 줍니다. 그런데, 이 중에 가장 중요한 건 산재 보험입니다. 일하다가 다치는 사고가 났을 때, 보상을 받으려면 꼭 필요하지요. 산재 보험을 신청하려면 정해진 순서를 따라야 합니다. 사고가 발생하면 우선 병원에서 치료를 받고 사업주에게 이 사실을 알리세요. 그리고 병원에서 '요양 급여 신청서'를 작성한 다음, 이를 근로복지공단에 제출하면 됩니다. 공단에서 여러분이 겪은 사고를 재해라고 인정하면, 이에 따른 보상을 받을 수 있습니다. 만약 사업주가 보험 신청에 협조하지 않더라도 당황하지 마세요. 직접 근로복지공단에 신청할 수도 있답니다. 산재 보험 이외의 나머지 보험들도 가입 조건이 맞다면 추가로 신청하여 만약을 대비하세요.

　여기까지 근로자가 꼭 알아야 하는 세 가지 수칙에 대해 이야기해 보았습니다. 설사 사업주가 아마존 개미처럼 위협적인 태도를 보인다고 해도, 겁먹지 말고 법으로 대항하세요. 혼자의 힘으로 버겁게 느껴진다면, 1350(고용노동부 상담센터)으로 전화하여 도움을 받아 보세요.

　아마존 개미는 노예 역할의 개미가 없을 때는 어쩔 수 없이 직접 일을 한다고 합니다. 하지만 전투에 최적화된 턱으로 집안일을 하기란 여간 힘든 게 아니지요. 아마도 노예를 잃은 아마존 개미는 머지않아 자연 속에서 도태될 것입니다. 만약 업주와의 갈등 상황이 있다 해도, 근로자가 법을 숙지하고 정당하게 대응한다면 악덕 업주들은 사회 속에서 점점 사라질 것이라 믿습니다.

#노동 #근로기준법 #최저임금 #보험

SCORPION

거 미 류

전갈 | 강점을 더욱 강하게 만들어라

전갈이 거미류에 속한다니, 조금 의아한가요? 다리가 네 쌍이고 독침을 사용하는 것까지는 비슷하지만, 기다란 꼬리를 무섭게 휘감은 모습은 넓죽한 거미와는 조금 다른 인상을 주지요. 전갈은 지금으로부터 약 4억 년 전, 육지로 진출했습니다. 이후 계속된 적응을 거듭한 끝에 전갈의 일부가 거미로 진화하였지요. 그러므로 전갈은 거미의 가까운 친척이자 조상인 셈입니다.

과거 고생대의 하늘은 오존층이 안정적으로 형성되지 않았는데요. 그 때문에 수상 생물들이 자외선에 의해 치명적인 피해를 입을 수 있었습니다. 하지만 수상 생물이었던 전갈은 별 탈 없이 육상 생활에 적응하였지요. 전갈이 강한 자외선에도 살아남을 수 있었던 이유는 바로 단단한 외골격 덕분이었습니다. 게다가 유연한 호흡계도 성공적인 육지 정착에 한몫했지요. 전갈의 호흡계는 바다에서뿐만 아니라, 육지의 공기도 무난히 받아들일 만큼 활용성이 좋았답니다. 전갈의 상징과도 같은 독침보다, 생각지 못했던 다른 부분이 생존에 더 크게 기여했다니… 참 놀라운 일이죠?

살다 보면 어쩔 수 없이 낯선 환경으로 내몰릴 때가 있습니다. 가만히 있기도 그렇고, 움직이기도 망설여지는 진퇴양난進退兩難의 순간이 오지요. 마치 수억 년 전, 바다 포식자들을 피해 땅 위로 내몰린 전갈처럼 말입니다. 태어나서 지금까지 겪어 온 환경에도 간신히 적응한 터인데, 새로운 환경으로 다시 뛰어들자니 막막하지요. 하지만 '위기는 곧 기회'라는 말도 있듯, 마음먹기에 따라 위기를 기회로 바꾸면 삶의 질을 한층 높일 수 있답니다.

새로운 환경에 잘 적응하려면 우선 자신의 단점을 알고 보완하는 데 힘써야 합니다. 하지만, 단점을 고치기 힘든 경우도 분명 있겠지요. 그럴 때는 아예 다른 전략을 실행하는 게 좋습니다. 바로 자신이 가진 강점을 최대한 활용하는 것이지요. 원래 압도적인 강점이 있다면, 약점은 어느 정도 무마되는 법입니다. 전갈은 수중 생활에 최적화된 몸 때문에 육지 생활에는 불편함이 있었습니다. 하지만, 수중 생물에게서 찾아보기 힘든 단단한 외골격과 특별한 호흡계를 이용해 성공적으로 육지에서 살아남았지요.

만약 뚜렷한 강점이 없다고 해도 좌절하지 마세요. 자신의 단점을 완벽히 알고 노력하려는 자세도 훌륭한 강점이 될 수 있답니다. 본래 절지동물의 외골격은 노폐물을 몸 바깥에 저장하는 형태로부터 진화되었다고 합니다. 노폐물과도 같은 자신의 단점들을 수용하고, 대안을 분석하다 보면 훗날 단단한 자신감이 되어 여러분을 지켜줄 것입니다.

곤충 박사의 비밀 수첩

- 전갈은 자외선을 감지하여 먹잇감을 사냥합니다. 그리고 외골격에 인광 물질(빛을 내는 물질)이 있어, 자외선을 비추면 어둠 속에서도 환하게 빛난답니다.

- 전갈의 독은 단백질로 구성되어 있어 열을 가하면 분해됩니다. 잘만 요리하면 먹을 수도 있지요. 전갈은 주로 아시아권 국가들에서 선호하는 식재료입니다. 우리나라에서는 약재로도 사용하였지요.

- 사막에 사는 전갈은 열대 지역의 전갈보다 독이 강한 대신, 집게의 힘은 약한 편입니다.

#변화 #성찰 #자신감

제왕나비 | 모든 일에는 때가 있다

북아메리카에 서식하는 제왕나비는 이름만큼이나 웅장한 행보를 자랑합니다. 이들은 매년 가을이 되면, 따뜻한 곳을 찾아 대이동을 실시합니다. 겨울이 되면 추위 자체도 문제지만, 먹이가 되는 식물들이 잘 자라지 않기 때문이지요. 이들이 새 보금자리를 찾아 이동하는 거리는 무려 수천 킬로미터에 달합니다. 캐나다와 미국 등지에서 출발하여 멕시코까지 이르는 대장정이지요. 심지어 이동하는 동안 제대로 먹지도 못한 채, 체내에 저장된 에너지를 사용하여 버팁니다.

그렇게 몇 달간 계속되는 수고 끝에 멕시코의 고산 지대에 도착하고 나면, 숲의 보살핌을 받으며 겨울을 나지요. 그리고 이듬해 봄이 되면, 다시 고향으로 돌아간답니다. 물론 제왕나비의 짧은 수명 때문에, 고향을 떠났던 당사자가 직접 되돌아오는 건 힘든 일입니다. 몇 세대를 거친 끝에 제왕나비들은 고향으로 돌아갈 수 있지요.

제왕나비의 겨울나기를 보면 알 수 있듯, 모든 일에는 때가 있습니다. 적절한 시기를 놓치면 곤란한 상황을 맞는 일이 있지요. 예컨대 학업을 마치고 일자리를 구하는 것처럼 말입니다. 이러한 인생의 과업에는 특징이 있습니다. 같은 목적이라 해도 실행하는 시기가 늦어질수록 더 큰 비용과 노력이 필요하다는 것이지요.

아예 노력의 과정을 거부하는 이들도 있습니다. 보편적인 준비 과정에서 가치를 느끼지 못하여, 돈과 시간을 낭비하는 듯한 느낌을 받아서지요. 또한 거창한 준비 과정 없이도 무난히 살아갈 수 있을 것 같은 자신감도 있기 때문입니다. 하지만 기초적인 지식과 경제력이 갖춰지지 않은 상태에서 순조롭게 살아갈 궁리를 한다는 것은 다소 비현실적입니다. 아무런 준비 없이 사회에 나와도 먹고살 방법이야 있겠지만, 과연 현실적인 지속이 가능할까요? 이는 마치 추운 겨울에 홀로 남은 제왕나비의 상황과 같을 것입니다. 한동안은 몸에 비축된 에너지로 버틸 수 있겠지요. 하지만 얼마 가지 않아 기력을 잃거나, 천적의 공격을 받아 위험한 결말을 맞을 가능성이 크지요.

물론 삶에는 정답이 없습니다. 소위 말하는 사회적인 업적을 이룬다고 해서 삶이 평탄하리라는 보장은 없지요. 하지만 중요한 것은 지속이 주는 안정성입니다. 보편적인 길을 따르고 삶이 안정권에 들면, 언젠가 꿈을 꿀 수 있는 기회가 주어집니다. 그때 원하는 일에 도전해도 결코 늦지 않습니다. 나중에 힘들게 혼자 준비하기보다는, 비슷한 집단과 함께 있을 때 협동하여 능력을 길러 보세요. 제왕나비도 친구들의 힘이 더해져 무난히 겨울을 나는 것일 테니까요.

#직업 #학업 #진로

진딧물 | 원원(WIN—WIN) 전략

암컷과 수컷이 만나 새로운 개체를 만드는 번식 방법을 유성 생식이라고 합니다. 반대로 암컷이 스스로 체세포를 분열하여 자손을 만드는 방법을 단성 생식(처녀 생식)이라고 하지요. 유성 생식은 암수 유전자의 조합으로 유전적 다양성이 증가하는 만큼, 환경에 대한 적응력이 뛰어납니다. 하지만 짝짓기를 위해 많은 에너지가 소모되고 번식 속도도 느리지요. 그에 비해, 혼자 번식이 가능한 무성 생식은 적은 에너지로 빠른 번식이 가능합니다. 하지만 유전적인 변화가 일어나지 않기 때문에 기후 변화에 취약하지요. 두 종류의 번식 방법은 각각의 장단점이 있습니다.

놀랍게도, 진딧물은 이 두 가지 번식 방법을 모두 사용할 수 있습니다. 주변 환경에 따라 방법을 달리하지요. 봄부터 여름철까지는 단성 생식을 통해 자손을 최대한 많이 늘리는 데에 집중합니다. 먹을 것이 풍부하고 온도도 알맞아서 부담이 덜하기 때문이지요. 하지만 가을이 되면 유성 생식을 통해 겨울나기를 준비합니다. 겨울에는 먹잇감이 없고, 날씨도 추워서 알의 형태로 버티는 것이 가장 효과적이기 때문이랍니다.

진딧물은 배가 고프면 동족까지도 잡아먹으면서 일 년 내내 놀라운 생존력을 자랑합니다. 이렇게 출중한 생존력을 바탕으로, 식물을 해치는 데 지대한 공헌을 하지요. 진딧물은 식물의 영양분이 흐르는 체관과 물관에 주둥이를 꽂아 수액을 섭취합니다. 게다가 이런 식으로 모은 당분을 개미에게 주면서 경호를 부탁하기도 한답니다. 정말 영리한 공생 전략이 아닐 수 없지요. 한편, 당분을 주로 섭취하는 진딧물에게는 영양 불균형의 위험이 찾아오기도 합니다. 하지만 영리한 진딧물은 미생물과 공생함으로써 문제를 해결한답니다. 미생물은 진딧물에게서 당분을 받은 다음, 필수 아미노산을 합성하여 다시 나누어주지요. 마냥 약한 존재인 줄만 알았던 진딧물은 누구보다도 고장난명♦의 이치를 잘 알고 있었습니다.

사회에서 혼자만의 힘으로는 살아가기가 힘듭니다. 마치 진딧물이 알의 형태가 아니고서는 겨울을 나기 힘들 듯 말이지요. 혼자서도 거뜬히 수천 마리로 생식할 수 있는 진딧물이지만, 다른 개체의 도움을 받지 않으면 한 마리조차 해를 넘기기 어렵습니다. 진딧물은 스스로의 약한 점을 인정한 덕분에 성공적으로 공생할 수 있었지요.

우리도 누군가와 협력하기 위해서는 진딧물과 같은 겸손함이 필요합니다. 또한 자기만의 강점도 알고 있어야 합니다. 상대방의 입장에서는 자기가 가진 단점을 보완할 만큼 뛰어난 강점이 있어야 협력하고 싶을 테니까요. 서로 강점을 제공하고 약점은 보완할 수 있는 관계를 찾아, 지속적인 협력을 도모해야 합니다. 눈에 띄는 강점이 없어도 낙심하지 마세요. 보잘 것 없는 미생물도 진드기에게는 꼭 필요한 존재이듯, 우리가 가진 사소한 특기가 누군가에게는 커다란 강점으로 평가받을 수도 있으니까요.

곤충 박사의 비밀 수첩

- 진딧물은 위협을 느끼면 곧바로 땅에 떨어집니다. 분위기가 잠잠해지면 다시 식물의 줄기를 타고 올라가지요.
- '조릿대납작진딧물'이라고 하는 종은 개미와 비슷하게 어느 정도 사회성을 갖추고 있습니다. 방어를 담당하는 병정 역할이 따로 존재하는 것이 증거지요.

◆ 고장난명(孤掌難鳴) : 한쪽 손바닥만으로는 소리를 낼 수 없다는 뜻으로, 혼자서는 일을 이루지 못한다는 말.

#협력 #공생 #메타인지

코노머마 개미

일부 언론이
대중을 속이는 법

　보통 전쟁이 일어나면, 어느 한쪽이 항복하기 전까지는 끝나지 않는 경우가 대부분입니다. 하지만 코노머마 개미는 상대방이 완전히 굴복하지 않아도 때가 되면 전쟁을 포기하고 자리를 뜹니다. 전투로 인해 큰 피해를 입었기 때문은 아닙니다. 오히려 많은 이득을 보았지요. 과연 어떻게 전쟁을 포기하고도 이득을 볼 수 있는 걸까요?

　코노머마 개미가 전쟁을 일으키는 이유는 바로 상대방의 주의를 끌기 위함입니다. 먹잇감을 발견하면, 상대 개미 집단이 눈치채지 못하도록 전쟁 분위기를 조성하지요. 코노머마 개미는 적을 교란하기 위해 개미굴 안으로 돌을 떨어뜨리기도 합니다. 난데없는 돌 세례에 적군이 당황하면, 그 틈을 타 나머지 병력이 신속하게 먹이를 나르지요. 먹이를 모두 옮기고 나면 곧장 병력을 철수시킵니다. 아마 적군들은 큰 먹이를 빼앗겼다는 사실도 모른 채, 그저 전쟁이 끝남에 감사하겠지요.

　이처럼 코노머마 개미는 혼란한 상황을 유도하여 이익을 취합니다. 그런데, 이와 비슷한 경우를 우리 사회에서도 찾아볼 수 있습니다. 대표적으로, 여론을 좌지우지하는 일부 언론들의 만행이 있지요. 그들은 중요한 사건을 묻어버리기 위해 특별한 조처를 합니다. 작은 돌처럼 쓸모없는 정보를 대중에게 흘리며 혼란한 분위기를 조성하지요. 심지어는 아예 근거가 없는 허위 사실을 퍼뜨리기도 합니다. 때로는 어떠한 목적을 달성하기 위해 인위적으로 대립 구도를 조성하기도 하지요. 그들은 대중이 눈먼 틈을 타, 자본가나 권력가들과 합세하여 자신들의 배를 불립니다. 이렇게 안타까운 상황을 겪지 않으려면, 과연 어떻게 해야 할까요?

먼저, 먹이를 빼앗기지 않으려면 먹이가 있다는 사실부터 알아야 합니다. 그러니 다양한 매체를 통해서, 혹은 직접 눈으로 확인하며 세상일에 꾸준히 관심을 가져야 하지요. 생활이 바쁘다고 해서 개미집을 나오지 않으면, 바깥에 먹이가 있다는 사실을 절대 알 수 없습니다. 군중심리에 의존하지 말고, 부디 적극적으로 나서서 여러분의 알 권리를 행사하길 바랍니다.

#언론 #사회

거 미 류

크랩 거미 | 성공을 위한 최적의 타이밍

길을 가다 얼굴에 거미줄이 내려앉은 적 있으신가요? 불쾌하기 그지없는 상황이지만, 막상 돌이켜보면 신기할 따름입니다. 넓은 길 한복판에서 거미줄이 고정되어 있는 것은 힘들기 때문이지요. 거미집이 거센 바람을 이기지 못하고 뜯겨 날아온 걸까요? 나름 그럴듯한 가정입니다. 독일 베를린 공대 과학자들의 연구에 따르면, 거미줄을 이용하여 '비행'하는 거미가 있다고 합니다.

이름은 크랩 거미Crab Spider로, 거미줄 없이도 바람에 나부낄 것 같은 자그마한 몸집의 거미입니다. 크랩 거미는 실젖에서 수십 가닥의 거미줄을 뽑아내는데요. 두께가 아주 가느다란 덕에 무게가 가볍고, 표면적도 넓어서 공기 저항을 잘 이용할 수 있답니다. 비행을 앞둔 크랩 거미는 무작정 거미줄을 분사하지 않고, 적당한 바람이 불 때까지 기다립니다. 앞다리에 난 미세한 털을 이용하여 풍속을 예민하게 감지하지요. 너무 세지도, 너무 약하지도 않은 산들바람이 불 때 비로소 몸을 바람에 맡긴답니다.

크랩 거미에게 바람은 일종의 기회입니다. 많은 사람들이 자신을 멀리 도약하게 해 줄 커다란 기회를 기다립니다. 하지만 그 기회를 알아보기란 쉽지 않지요. 또한 역량에 비해 과분한 기회를 잡기 위해 욕심을 부렸다가 더한 낭패를 겪을 수도 있지요. 그러므로 조급해하지 말고, 어떤 기회를 잡을지 신중하게 고려해야 합니다. 한 번에 서두르지 말고 차분하게 생각하세요. 만반의 준비를 마쳤다면, 인고의 시간만이 남았습니다. 신경을 곤두세우고 스치는 바람과도 같은 기회들을 낱낱이 의식하며 자신의 역량에 맞는지 가늠해 보세요. 충분히 실력을 발휘할 수 있는 기회라 파악되면 단단히 붙잡으세요. 그리고 수십 가닥의 거미줄을 날려보내는 크랩 거미처럼 온 힘을 쏟아부으세요.

- 크랩 거미는 집을 지을 때보다 비행할 때 훨씬 얇은 두께의 거미 줄을 뽑아냅니다.

- 일반적인 거미는 거미집을 지을 때, 줄을 늘어뜨린 뒤 바람을 타고 이동하거나, 아예 거미줄을 쏘아 고정한 다음 이동하는 방식을 이용합니다.

#기회 #준비 #융통성 #역량

파리매 | 칼로 흥한 자, 칼로 망한다

파리매는 겉보기에도 매우 큰 파리처럼 생겼습니다. 실제로 파리의 이웃인 동시에, 천적이기도 하지요. 파리매는 생물 분류상 파리목에 속하여 파리와 비슷한 유전자를 갖고 있는데, 그 덕분인지 파리를 사냥하는 데 능통합니다. 파리가 아무리 야단법석을 떨며 도망쳐도, 순식간에 덮쳐 제압하지요. 날카로운 주둥이로 먹이의 껍질을 뚫고 체액을 빨아먹습니다. 파리뿐만 아니라 작은 곤충들은 모두 파리매의 표적이 됩니다. 하지만 성질이 사나운 탓에, 자신과 몸집이 비슷하거나 조금 더 큰 곤충들에게도 덤비는데요. 그 결과는 장담할 수 없답니다.

세상에는 파리매와 같은 삶을 사는 이들이 있습니다. 기습 공격을 일삼는 파리매처럼, 편법을 사용하여 사회적인 이득을 취하지요. 정정당당한 승부를 얕보면서, 온통 잔머리를 굴리는 데에만 열중합니다. 사회적인 의무를 다하기는커녕, 법의 사각지대를 교묘하게 드나들며 악행을 저지르기도 하지요. 선량한 사람들을 많이 농락해서인지 이들의 자만심은 하늘을 찌를 만큼 대단합니다.

옛말에 '칼로 흥한 자는 칼로 망한다'고 하였던가요? 불량한 재주를 믿고 남을 괴롭히면, 머지않아 자신의 재주에 발목을 잡히는 날이 온답니다. 그것이 세상의 이치니까요. 악행을 일삼는 사기꾼들이 있다면, 부디 지금이라도 죗값을 치르고 정정당당한 인생을 사세요. 다른 이를 괴롭히는 파리매 같은 삶은 멀리하시길 바랍니다.

#거짓 #욕망 #사기

흰개미 | 권력을 무너뜨리는 힘

브라질에서 엄청난 규모의 흰개미 집이 발견되었던 사건을 기억하시나요? 우리나라와 북한을 합한 만큼의 면적에, 무려 2억 개에 달하는 흰개미 집이 분포되어있어 엄청난 화제를 불러일으켰는데요. 이들이 집을 짓기 위해 파낸 흙의 양만 해도 이집트의 피라미드 4천 개를 만들 만큼 어마어마하다고 합니다. 사실 규모도 규모지만, 개미집의 구조 또한 놀랍습니다. 곳곳에 크고 작은 통풍구가 있어서 항상 바깥보다 서늘한 온도를 유지하지요. 과연 개미의 명성에 걸맞게, 마법 같은 단결력을 뽐내었구나 싶습니다.

사실 흰개미는 개미가 아닙니다. 이름에 개미가 붙을 뿐이지 분류학적으로는 바퀴벌레에 훨씬 가깝지요. 개미처럼 분업 시스템을 갖추고 있지만, 분명히 다른 점도 있습니다. 흰개미 왕국에서는 왕개미와 여왕개미가 쌍을 이루는 일부일처제를 행합니다. 왕과 여왕의 치하에서는 암수가 모두 업무를 분담하지요. 일반적인 수컷 개미가 생식에만 전념하는 것에 비하면 정말 특이한 생활 방식입니다. 또한 흰개미는 특이한 식성을 가지고 있습니다. 나무의 수액이 아닌 나무 자체를 주식으로 삼지요. 장 속에 나무의 섬유질을 분해하는 미생물이 살아서 무난히 소화해낼 수 있답니다. 이처럼 무지막지한 식성과 번식력 때문에 목조 건축물이 피해를 보는 경우도 많지요. 하지만, 자연에는 매우 이로운 역할을 합니다. 집을 지으며 흙 속 영양분을 순환시켜 땅을 비옥하게 만들어 주기 때문이지요.

한 가지 질문을 드려 보겠습니다. 흰개미가 열심히 일한 덕에 비옥해진 땅에서는 나무가 무럭무럭 자라납니다. 그리고 흰개미들은 필요에 따라 나무를 사용하지요. 하지만 잘못 자라난 나무들은 흰개미의 집을 파괴하기도 합니다. 이럴 땐 어떻게 해야 할까요? 아마도 흰개미가 잘못 자란 나무를 다시 분해하는 것이 옳지 않을까요?

단어만 조금 바꿔서 다시 질문드리겠습니다. 수많은 사람들의 노력을 기반으로 세워진 기관이 있습니다. 그런데 그 기관은 사람들에게 보상을 주기는커녕, 오히려 더한 수탈을 자행합니다. 마치 제멋대로 자라난 나무가 흰개미들을 괴롭히듯 말입니다. 이런 경우엔 어떻게 해야 할까요?

개인의 힘으로 거대한 기관을 상대하는 건 불가능하니 일찌감치 포기하는 게 좋을까요, 아니면 작은 흰개미가 거대한 나무를 무너뜨리듯 막강한 권력도 사람들의 투쟁을 통해 무너뜨릴 수 있을까요? 결정은 오로지 여러분의 몫입니다. 분명한 사실은, 흰개미들에게 둘러싸이고 멀쩡히 살아남는 나무는 없다는 것입니다.

- 흰개미는 영양분을 얻기 위해 집안에 곰팡이를 사육하기도 합니다.

일상 속 곤충의 자취

- 구더기 : 구더기는 보통 '파리 애벌레'를 일컫습니다. 구더기는 노폐물이 그득한 곳에서 살기 때문에 불결한 이미지를 가지고 있지요. 그런데 이러한 구더기가 의료용으로도 쓰인다는 사실, 알고 계셨나요? 구더기가 상처의 오염된 부분을 갉아먹고 세균 번식을 억제하는 항생 물질까지 분비하는 덕에 좋은 수술 효과를 거둔다고 합니다. 구더기를 사용한 수술법은 이미 오래전부터 전 세계적으로 사용됐다고 해요. 이 밖에도 구더기는 땅을 비옥하게 하거나, 노폐물을 분해하는 데도 요긴하게 쓰입니다.

- 연지벌레 : 연지벌레로부터 붉은색의 천연 색소를 추출하여 다양한 식품에 사용한답니다.

- 누에 : 누에나방의 애벌레입니다. 누에는 번데기가 되기 전에 분비물로 튼튼한 껍데기를 만드는데요. 이 하얀 껍데기로부터 우리가 잘 아는 명주실을 뽑아내어 옷을 만든답니다.

- 꿀벌 : 일벌은 꿀을 먹고 밀랍이라는 물질을 만듭니다. 밀랍은 물에 녹지 않는 성질이 있어서 양초나 광택제 등의 재료로도 사용되지요.

곤충의 가르침 4

더듬이

직접 느끼며 배우는 관계의 기술

갈고리벌

기생충 같은 사람을
조심하는 법

평생 놀고먹을 수 있는 방법이 있다면, 여러분은 그 어떤 일이라도 마다하지 않을 의향이 있으신가요? 곤충들에게는 아주 오래전부터 내려오는 고도의 생존 기술이 있습니다. 잠깐의 위험만 감수하면 안정적인 삶이 보장되는 '기생' 활동이지요. 기생 활동을 일삼는 곤충에는 대표적으로 벌이 있습니다. 몇몇 벌들은 숙주의 몸에 알을 낳아 기르기도 하지요. 날카로운 산란관으로 숙주를 찔러 마비시킨 뒤 조심스레 산란합니다.

하지만 갈고리벌은 그보다 더 간단한 방식으로 기생을 시작합니다. 숙주를 찾아다니지 않고, 그저 나뭇잎에 알을 낳은 뒤 자리를 뜨지요. 근처에 있던 나비 애벌레는 이것을 먹이로 착각하고 나뭇잎과 같이 먹게 됩니다. 갈고리벌의 알은 애벌레의 소화관 안에 자리를 잡고 안락한 생활을 시작하지요. 가만히 앉아서, 잘게 씹혀 들어오는 먹잇감을 맛있게 섭취할 뿐입니다. 나비 애벌레는 배 속에 앉은 갈고리벌 때문에 먹어도 먹어도 배가 고프답니다.

만약 갈고리벌이 날개가 돋지 않은 상태에서, 나비 애벌레가 말벌에게 잡아먹힌다면 어떻게 될까요? 결과는 놀랍습니다. 말벌이 사냥한 애벌레를 자신의 새끼에게 토해주는데요. 이때까지도 갈고리벌 유충은 살아남아, 말벌 유충의 배 속에서 다시금 기생을 시작합니다. 정말 기막힌 생존법이지만 인간의 관점에서는 참으로 얌체 같은 행동이 아닐 수 없습니다. 심지어 갈고리벌의 알은 스스로 부화하지 못한답니다. 다른 포식자에게 먹히는 것처럼 외부의 충격이 있어야만 깨어난다고 해요. 물론 소화관에 자리 잡기까지는 운이 따라야 하겠지만, 성공하면 이만큼 편한 방법도 없지요. 갈고리벌의 참신한 생존 방법에 찬사를 보내는 바입니다.

여러분은 세상을 어느 정도 신뢰하는 편인가요? 사람들은 본인이 냉철한 판단력을 가졌다고 생각하는 경향이 있습니다. 사기 피해를 조심하라는 문구를 보아도, 당하기는커녕 도리어 사기꾼들을 혼쭐낼 것이라며 의기양양한 모습이지요. 하지만 사기꾼들은 그리 호락호락하지 않습니다. 그들은 갈고리벌의 알처럼 위화감 없는 모습으로 우연을 가장하여 접근하지요. 그리고 숙주의 식욕을 자극하는 갈고리벌처럼, 은근슬쩍 피해자의 욕구를 자극합니다. 그렇게 주의를 끌고 나면, 신뢰를 얻기 위해 많은 공을 들입니다. 그러다가 피해자가 의심을 거두고 미끼를 무는 순간부터 본색을 드러내기 시작하지요.

그들은 피해자의 판단력을 서서히 통제하려 듭니다. 사사건건 트집을 잡으면서, 피해자가 본인의 가치관에 확신을 잃도록 만들지요. 처음에 반신반의했던 피해자는 점점 자신감이 낮아져, 끝내 사기꾼에게 판단의 주도권을 내어줍니다. 별생각 없이 덥석 물었던 사기꾼의 미끼는 이렇게 부화에 성공하지요. 피해자의 판단력을 지배한 사기꾼은 이제 마음껏 그를 이용하려 듭니다. 배 속의 갈고리벌 때문에 먹어도 먹어도 배고픈 나비 애벌레처럼, 피해자는 그들에게 많은 것을 빼앗기고 크나큰 공허함 속에 살게 되지요.

이처럼 타인의 심리나 상황을 교묘하게 조작하는 행동을 일명 가스라이팅gaslighting이라고 합니다. 그런데 이와 같은 심리적 지배 행위는, 범죄 행위뿐만 아니라 일상적인 관계에서도 찾아볼 수 있는데요. 사회적으로 지위가 낮은 사람을 사사건건 통제하려는 경우가 이에 해당하지요. 가스라이팅에서 벗어나려면, 주변 사람들의 도움이 절실히 필요합니다. 제삼자의 객관적인 입장에서 피해자에게 정확한 상황을 이해시켜야 하지요. 또한 피해자 스스로가 꽤 괜찮은 사람이라는 것을 알려주고, 자기혐오의 늪에서 빠져나올 수 있도록 해야 합니다.

애초에 이러한 불상사에 휘말리지 않기 위해서는, 평상시 객관적인 정보를 자주 접하여 본인의 판단력에 대한 견고한 믿음을 형성해야 합니다. 그리고 '베푼다'는 명목하에 일방적으로 퍼주는 사람을 경계하며, 선행의 목적을 확실히 따져보아야 합니다. 또한 굳이 타인의 단점을 집어 개선을 강요하는 이들을 피하세요. 친구나 지인을 통해 접하게 된 사람이라도 의심해보아야 합니다. 말벌 또한 자신의 새끼를 위해 먹잇감을 물어왔다지만, 그것이 기생충의 알인 줄은 몰랐을 테니까요. 의심은 상당히 불쾌한 감정을 불러일으킵니다. 하지만 의로운 마음에서 비롯된 합리적 의심은 반드시 여러분을 진실로 인도할 것입니다.

곤충 박사의 비밀 수첩

- 갈고리벌은 갈고리처럼 굽어진 산란관을 갖고 있습니다.

#사기 #의심 #주체성

검은과부거미 | 은인을 대하는 자세

남편을 여의고 혼자 사는 여인을 일명 '과부'라고 부릅니다. 검은과 부거미는 짝짓기를 마친 후 종종 수컷 거미를 잡아먹는 탓에 이러한 이름이 붙었지요. 안타깝지만, 번식을 위해서는 수컷을 희생시켜서라도 필요한 영양소를 보충하는 것이 특징입니다. 검은과부거미 암컷은 살벌한 습성 만큼이나 강력한 독을 가진 것으로도 유명합니다. 약 5만 종의 거미 중에서 살상력 있는 독을 가진 거미는 단 수십 마리뿐인데, 검은과부거미가 바로 여기에 속하지요.

암컷은 신경독을 통해 먹잇감의 신경을 마비시켜 사망에 이르게 합니다. 작은 몸집이라고 무시했다가는, 제아무리 건장한 성인 남성이라도 생지옥을 맛볼 수 있지요. 암컷은 독을 이용해 먹잇감을 마비시킨 다음, 분비된 소화 효소로 먹잇감의 몸을 녹여서 섭취합니다.

노력에는 대가가 따른다는 말을 들어보셨나요? 노력한 만큼 그에 따른 보상을 얻을 수 있다는 의미입니다만, 현실은 생각보다 가혹합니다. 보상을 얻기에 앞서 노력을 시도하는 데에도 많은 대가가 필요하지요. 다른 이의 지식과 경험을 얻으려면, 그만한 대가를 지불해야 합니다. 요즘은 인터넷이 발달하여 어떤 분야든 양질의 지식을 거의 무료로 습득할 수 있습니다. 하지만 보다 전문적인 지식을 함양하기 위해선 관련 교육 기관에 등록해야 합니다. 하지만 만만치 않은 학비 때문에, 학생의 신분이라면 감당하기 힘든 경우가 많지요. 학업을 마친 취업 준비생이라고 해서 이야기가 특별히 달라지지는 않습니다. 취업 준비 학원의 도움을 받으려면 누군가의 지원이 필요합니다. 사업은 어떨까요. 사업 자금을 마련해 줄 투자자나 사업 모델을 함께 실현하고 발전시킬 공동 사업자가 필요할 것입니다.

학업부터 사업까지, 대부분의 과업은 스스로의 힘만으로는 완벽하게 해내기가 어렵습니다. 그러므로 누군가에게 도움을 받는 걸 마다해서는 안 되지요. 검은과부거미의 수컷처럼, 여러분을 전폭적으로 지지하고 후원하는 이가 있다면 부담스러워하지 마세요. 수컷은 암컷의 강력한 생명력을 믿고, 종족 번식이라는 과업을 위해 기꺼이 자신의 몸뚱아리를 내어줍니다. 그리고 여러분의 후원자 또한 그럴 것입니다. 여러분의 능력을 믿기 때문에 흔쾌히 은혜를 베풀었을테니, 자신감을 가지고 최선을 다한 결과로 보답하세요.

곤충 박사의 비밀 수첩

- 검은과부거미는 영어로 'Black Widow'라고 부르는데, 유명 영화 제작사 마블(Marvel)의 캐릭터 '블랙 위도우'의 이름이 바로 여기서 유래하였다고 합니다.

- 검은과부거미에게는 방울뱀의 약 20배에 달하는 맹독이 있습니다.

- 검은과부거미의 수컷은 짝짓기 전, 암컷에게 먹잇감을 선물해 주의를 돌립니다. 그리고 암컷이 먹잇감에 집중하고 있는 틈을 타 잽싸게 짝짓기를 마치지요. 만약 암컷이 선물을 거절한다면 짝짓기에 실패할 가능성이 크다고 합니다.

#노력 #목표 #은혜

꿀벌 3 | 말을 잘하기 위해 가장 필요한 것

  우리는 경사가 났을 때 덩실덩실 춤을 추곤 합니다. 그런데 꿀벌도 좋은 일이 생기면 춤을 춘다고 해요. 꽃밭을 발견한 벌은 동료들에게 날아와 꼬리를 흔듭니다. 원을 그리는가 하면, 8자를 그리며 날기도 하지요. 꿀벌의 춤은 우리의 근본 없는 막춤과 비교도 되지 않을 정도로 정교함을 자랑합니다. 꿀벌은 춤을 통해서 동료들에게 꿀의 정확한 위치를 알리지요. 어느 방향으로 얼마만큼 멀리 있는지 매우 자세한 정보를 전달한답니다. 거기다 약간의 꿀을 가져와 냄새를 풍기며 꿀 자체에 대한 정보도 전해줍니다. 또한 꿀벌은 날개를 진동하는 방법으로도 의사소통을 합니다. 자신들만이 감지할 수 있는 주파수로 날개를 떨면서 신호를 주고받지요. 이러한 능력으로 봤을 때, 꿀벌은 어쩌면 곤충계의 달변가라고 할 수도 있겠네요.

  말을 잘하기 위해 꼭 갖추어야 할 것은 무엇일까요? 전달력을 높이는 올바른 발성 자세일까요, 청자를 집중시키기 위한 매력적인 옷차림일까요? 물론 앞서 말한 것들도 필요하겠지만, 가장 중요한 건 여러분만의 '꽃밭'을 발견하는 것입니다. 기꺼이 상대방에게 공유하고 싶을 만큼 기쁜 감정을 찾는 것이 곧 말을 잘하는 비법이지요. 말의 원동력이 되는 감정을 찾아야 합니다. 마음에서부터 우러나는 진실된 감정이 없으면 아무리 말을 화려하게 해도, 상대방의 흥미는 금세 바닥을 보이고 말 것입니다.

우선은 사소한 것에서부터 기쁨을 찾아보세요. 그리고 찾아낸 기쁨을 먼저 편한 사람에게 마음껏 표현해 보세요. 온몸을 이용해 적극적으로 표현하다가도, 때로는 꿀벌의 날갯짓처럼 속삭이듯이 말해보는 겁니다. 이렇게 기쁜 감정을 가지고 말을 연습하면, 화술이 느는 것은 시간문제입니다. 그러니 평소에 미리 '꽃밭'을 찾아두는 습관을 들이세요. 매사에 기쁨과 감사를 느낄 줄 아는 능력은 분명 말을 잘하는 것 이상으로 여러분의 삶을 풍요롭게 해줄 것입니다.

곤충 박사의 비밀 수첩

- 꿀을 채집하는 일은 경험이 가장 많은 일벌이 수행합니다.
- 꿀벌은 해의 움직임을 고려하여, 시간에 따라 꼬리 춤을 다르게 춥니다.

#대화 #화술 #감사

땅벌 | 열등감을 다스려라

　벌들은 대개 벌집을 지어 생활합니다. 이따금 처마 밑에서 발견되는 벌집은 우리를 깜짝 놀래키지요. 벌들의 흔적은 처마뿐 아니라 땅에서도 발견됩니다. 땅에 집을 지은 벌들을 '땅벌'이라고 부르지요. 벌집을 땅에 묻어놓는 형태입니다. 땅벌은 독특한 생활 방식만큼이나 지독한 성질로도 유명합니다. 같은 과인 말벌에 비해 몸집이 작지만, 그 악명만큼은 뒤지지 않지요. 땅벌은 말벌과답게 침을 이용한 연속 공격이 가능합니다. '작은 고추가 맵다'고 하듯, 말벌을 능가하는 공격성을 보여줍니다. 땅벌은 위험을 감지하면 페로몬을 분비하는데요. 기류를 타고 퍼진 페로몬은 삽시간에 엄청난 수의 땅벌들을 몰고 온답니다. 땅벌은 산행이나 제초 작업 시에 뱀보다 더욱 조심해야 할 존재입니다. 뱀은 진동을 감지하면 미련 없이 피하지만, 땅벌은 필사적으로 덤비기 때문이지요.

이 세상에는 눈에 거슬린다는 이유만으로 수많은 독침을 맞는 사람들이 있습니다. 예술가 혹은 연예인이라고 불리는 그들은, 본인의 예술 세계를 표현했을 뿐인데도 때론 중죄를 지은 사람보다 더한 몰매를 맞습니다. 매질은 보통 때리는 사람도 힘이 들지만, 이들을 괴롭히는 사람들은 손가락을 까딱하는 게 전부입니다. 바로 '악플(악성 댓글)'이라는 무기를 사용하기 때문이지요. 악플은 땅벌의 침보다 파괴적이지만, 훨씬 손쉬운 공격이 가능합니다. 전염력 또한 페로몬은 비교도 안 될 만큼 대단합니다. 한 사람의 부정적인 댓글은 전류를 타고 퍼져 삽시간에 수많은 악플러들을 몰고 오지요.

정보화 시대가 낳은 최악의 무기 '악플'로 인해 지금도 많은 사람이 안타까운 비극을 맞이합니다. 물론 더 나은 세상을 위한 건설적인 비판은 괜찮을 수 있습니다. 하지만 여기에서 논리가 빠지고 불필요한 인신공격이 채워지면 쓸모없는 비난이 되지요. 악플러는 악플을 정당화하기 위해 갖은 핑계를 대지만, 사실 문제의 원인은 악플러 본인에게 존재합니다. 그들은 유명인의 화려한 모습으로부터 커다란 열등감을 느끼는 경우가 많습니다. 열등감과 함께 자신의 모든 불만감을 악플로 해소하지요.

열등감은 사실 자연스럽고 유익한 감정입니다. 부유하고 잘생긴 사람을 시기하는 건 사회에서 생존하기 위한 자연스러운 본능이지요. 게다가 잘 이용한다면 더 나은 삶을 위한 강력한 동기가 됩니다. 다만 경쟁에 눈이 멀지 않도록 조심하는 지혜를 발휘해야겠지요. 만약 원하는 삶을 위해 노력하기 싫다면, 아예 열등감을 느낄 만한 상황을 접하지 마세요. 열등감에 취해 남을 헐뜯는 것에 익숙해지면, 평생 이렇게 자존감을 사냥하러 다녀야 할 테니까요. 정말 불운한 삶이 아닐 수 없겠지요.

곤충 박사의 비밀 수첩

- 땅벌은 천적인 곰, 오소리 등의 가죽색인 검은색과 짙은 갈색을 보면 흥분합니다. 그러므로 산행을 할 때는 되도록 밝은색 옷을 입는 것이 좋습니다. 또한 옷 안을 파고들며 공격할 수 있으므로, 미리 옷 사이사이의 틈새를 꼼꼼히 막아 두세요.

- 땅벌의 공격을 받으면 절대 엎드리지 말고, 최소한 20미터 이상 떨어져야 피해를 줄일 수 있습니다.

- 땅벌은 강원도 방언으로 '땡벌'이라고 합니다.

#악플 #열등감 #자존감

말벌 3 | 인내하지 말고 이해하라

말벌은 꿀벌보다 현저하게 큰 몸집을 자랑합니다. 하지만 말벌을 단지 덩치가 큰 꿀벌 정도로 생각했다가는 큰코다치는 수가 있습니다. 곤충 생태계의 최상위 포식자로써 군림하는 말벌은, 우람한 몸집만큼이나 치명적인 공격력을 지녔기 때문이지요. 꿀벌은 한 번의 공격으로도 생명이 위험한 반면에, 말벌은 여러 차례 공격을 지속할 수 있습니다.

이는 특수한 구조의 침 덕분인데요. 기본적으로 모든 벌들의 침은 산란관이 뾰족하게 진화한 것입니다. 꿀벌의 침은 갈고리 모양으로 진화하였지요. 그래서 살가죽에 박히면 잘 빠져나오지 못합니다. 내장과도 연결된 탓에 무리하게 빼려다간 죽음을 맞이할 수도 있지요.

이에 반해 말벌의 침은 곧게 뻗은 형태여서 찌르거나 빼기가 쉽기 때문에 여러 번 공격할 수 있습니다. 몸집이 큰 만큼 독의 양도 꿀벌보다 훨씬 많아서 매우 위험하지요. 만약 말벌에게 쏘였음에도 제대로 된 응급처치를 하지 않는다면, 목숨이 위태로울 수 있답니다.

우리의 혀는 뭉툭하지만 때로는 벌의 침만큼이나 치명적인 위력을 자랑합니다. 특히 분쟁 상황이 오면, 상대방을 공격적인 말로 제압해 문제를 해결하려고 노력하지요. 하지만 따끔하게 말한다고 해서 무조건 문제가 해결되지는 않습니다. 되려 서로에게 상처만 남기는 경우가 부지기수이지요. 분쟁 상황에서 사람들은 크게 두 가지 유형의 소통 방식을 보입니다. 각각 '꿀벌형'과 '말벌형'으로 나뉘지요.

먼저 '꿀벌형'입니다. 이들은 꿀벌처럼 평소 유순하다는 말을 자주 듣습니다. 웬만해서는 참고 넘어가며, 문제 상황을 만들지 않으려고 하지요. 그렇지만 인내심이 바닥을 보일 때까지 참다가 한꺼번에 폭발하는 성향이 있습니다. 감정을 주체하지 못하고 수습할 수 없을 만큼 일을 크게 저지르고 말지요. 마치 침을 회수하지 못한 꿀벌처럼, 이들은 재기 불능의 상태에 이르고 맙니다.

반면, '말벌형'은 문제를 적극적으로 마주합니다. 어떤 문제가 발생하면 반드시 짚고 넘어가지요. 위기를 절호의 기회라고 생각하기 때문입니다. 이러한 긍정적인 사고방식 덕분에 역경을 극복하는 능력인 '회복 탄력성'이 높지요. 감정을 잘 절제하고 차분히 타협할 줄 압니다. 마음에 여유가 있으니 상대와 의견을 수용하고 조율하여 합의점을 찾는 것입니다. 충고할 점이 있다면 정중히 해결 방안을 제시합니다. 필요 이상의 생채기를 내지 않고 효과적으로 분쟁을 제압하지요.

이처럼 말벌형의 인간이 되기 위해서는 분쟁을 한시 빨리 끝내야 한다는 조급함을 버려야 합니다. 각자 다른 삶을 살아온 사람들이 단번에 맞춰지긴 힘드니까요. 힘을 빼고 여러 차례 공격하는 말벌처럼, 긴장을 풀고 여유롭게 의견을 주장해야합니다. 인내하다가 한 번에 터뜨리기보다는, 너그럽게 이해하며 조금씩 분쟁을 해결해 보세요.

#분쟁 #회복탄력성 #성장 #긍정

매미

타인을 매료하는 말하기 노하우

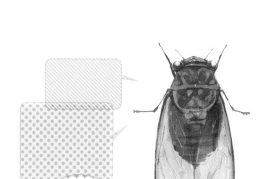

　대다수의 곤충은 땅 위에서 부화합니다. 하지만 매미는 특이하게도 부화하고 나서 땅속으로 들어갑니다. 나무뿌리 근처까지 땅을 파고 들어간 매미는 수년 동안 뿌리의 즙을 먹고 살지요. 이후 탈피할 때가 되면 그제서야 다시 땅 위로 나온답니다. 그렇게 나무에 매달린 채로, 껍질을 벗고 나면 멋진 어른벌레로 거듭납니다. 안타까운 사실은, 성충이 된 매미는 길어야 한 달밖에 살지 못한다는 것입니다. 수년을 땅속에서 버텨왔건만, 채 한 달도 세상을 구경하지 못하고 죽음을 맞지요. 억울함이 북받쳐서인지 매미들은 숲이 떠나갈 듯 울어댑니다. 물론 실제로는 짝짓기 때문에 우는 것이겠지요. 가장 크게 우는 수컷만이 암컷에게 선택받아 짝짓기를 할 수 있으니까요.

낯선 이와의 소통은 적잖이 긴장되는 일입니다. 한평생 다른 방식으로 살아온 이에게 나의 의견을 전하는 건 쉽지 않지요. 더군다나 좋아하는 사람 앞이라면 긴장은 배가 됩니다. 좋은 인상을 심어주기 위해 몸짓과 말투 하나하나까지 조심하게 되지요. 너무 조심한 나머지 말수가 줄어들기도 합니다. 한편으로는 수다스러운 것보다는 차라리 과묵한 게 나으니 나름대로 괜찮은 작전이라고 합리화를 합니다. 말을 적게 하는 편이 실수를 줄이고 경청하는 느낌을 주기 때문에 일거양득의 효과를 낸다고 생각하지요.

하지만 인연의 기회는 매미의 삶만큼이나 금방 지나가 버립니다. 기회를 놓치지 않으려면, 최소한 상대방에게 여러분에 대한 흥미를 유발해야 합니다. 그러므로 어느 정도 자신을 표현하는 것이 좋습니다. 말솜씨에 연연하지 말고 여러분이 살아온 삶을 차분하게 터놓아 보세요. 단숨에 이목을 끌 만큼 유별나지 않아도 좋습니다. 그저 여러분만의 솔직담백한 이야기를 들려주세요. 삶의 대부분을 땅속에서 별 볼일 없이 보냈던 매미도 나무 위에서는 누구보다 당당한 목소리를 낸답니다. 그 모습이 어찌나 늠름한지 암컷들이 먼저 다가오지요. 부디 여러분도 매미처럼 열성적으로 자신을 드러내시길 바랍니다. 어설픈 가식보다는 진솔한 당당함으로 상대방을 매료시키세요.

- 매미는 뾰족한 주둥이로 나무의 수액을 빨아먹습니다.

- 암컷 매미는 수컷 매미와 달리, 발음 기관을 가지고 있지 않아서 울지 못합니다. 그래서 '벙어리 매미'라고도 부르지요.

- 북아메리카에 서식하는 '십칠년 매미'는 최대 17년 동안이나 유충 생활을 합니다.

#대인관계 #대화 #소통

물방개 | 성공을 결정짓는 것

물방개는 수초를 헤집으며 자유분방하게 연못을 누빕니다. 굼떠 보이는 생김새와 달리 뛰어난 수영 실력을 자랑하지요. 그 비결은 매끈한 몸과 기다란 다리에 있습니다. 유선형의 몸은 물의 저항을 덜 받게 해주고, 잔털이 난 다리는 더 많은 물을 밀어내지요. 이처럼 물방개는 수중생활에 최적화된 듯 보이지만, 막상 제일 중요한 아가미가 없습니다. 유충 시절을 끝으로 물방개의 아가미는 점점 퇴화하지요. 성충이 되면 등과 날개 사이에 공기를 저장하는 방식으로 호흡합니다. 이때는 한정된 양의 공기를 사용하기 때문에, 산소가 떨어질 때마다 수면으로 올라가지요.

또한 물방개는 물속에서 곤충을 비롯한 작은 생물들을 잡아먹고 삽니다. 동물의 사체도 처리해 '물속의 청소부'라는 별명이 있지요. 지금은 환경이 오염되면서 안타깝게도 그 자취를 찾기가 힘들어졌습니다. 물방개는 현재 멸종 위기종으로 지정되어 법의 보호를 받고 있답니다.

물속의 청소부라 불리기 위해서는 당연히 헤엄 실력도 능숙해야겠지요. 이러한 물방개를 보며 다른 곤충들은 '물방개는 수중 생활에 타고난 몸을 가졌다'라고 생각할 수 있습니다. 하지만 앞서 말했듯, 물방개에게는 아가미가 없습니다. 숨을 쉬기 위해 끊임없이 수면 위를 오르락내리락하지요.

혹시 여러분도 성공한 사람을 향해 '타고났다'라고 말해본 적이 있나요? 그렇다면, 과연 그 사람은 정말 타고난 천재가 맞을까요? 많은 연구에 의하면, 성공한 사람들 중에서는 의외로 관련된 재능을 타고난 사람이 별로 없다고 합니다. 심지어 운동선수들조차도 꾸준한 노력을 통해 신체적 단점을 극복한 경우가 많지요.

최소한의 재능은 필요할지 몰라도, 성공을 결정짓는 가장 중요한 요소는 바로 '노력'입니다. 우리가 성공한 사람에게 천재라고 말하는 것에는, '나는 타고나지 않았으니 노력할 이유가 없다'는 자기 합리화가 숨어있을지도 모릅니다. 그러니 원하는 꿈이 있다면 재능이 모자란다고 주저하지 마세요. 흥미를 느끼고 계속해서 노력하는 것, 그것이야말로 진정한 재능이니까요.

곤충 박사의 비밀 수첩

- 물방개 유충은 독을 이용해 먹이를 사냥합니다.

- 물방개는 포식자를 만나면 쾨쾨한 냄새가 나는 액체를 분사합니다.

- 수컷은 앞다리에 끈적한 빨판이 있습니다. 덕분에 물속에서도 미끄러지지 않고 암컷과 짝짓기를 할 수 있지요.

#노력 #재능 #성공

반딧불이 | '같이'의 가치

시골에서는 밤이 되면 가끔 별들이 물을 마시러 내려앉습니다. 그리고 별만큼 찬란하게 빛나는 반딧불이들이 물 위를 거닐지요. 반딧불이의 영롱한 불빛은 꽁무니에서 나옵니다. 체내의 발광發光 물질이 산소에 반응해 빛을 내는 원리이지요. 반딧불이는 불빛을 내는 곤충의 대명사답게, 태어날 때부터 작게나마 빛을 낼 수 있답니다. 또한 반딧불이는 불빛을 이용하여 짝짓기 상대를 찾습니다. 반딧불이의 종류에 따라 불빛의 형태가 달라서, 많은 불빛 속에서도 서로를 알아볼 수 있지요. 암컷은 비록 날지는 못하지만 높은 곳에 올라 수컷을 맞이할 준비를 합니다. 그렇게 짝을 만나 알을 낳고 나면, 반딧불이는 짧은 여생을 겪다가 자연의 품속으로 돌아갑니다. 애벌레와 달리 어른벌레는 입이 퇴화하여 오래 살지 못하지요.

 한 마리의 반딧불이는 작고 보잘것없습니다. 하지만 두 마리가 되고, 여러 마리가 될수록 그 위력은 대단해지지요. 날 수 있든 날지 못하든 간에 모두 하나의 빛에 일조합니다. 특히 날이 어두워질수록 이들의 기세는 더욱더 등등해집니다. 해를 기다리기보다는, 직접 날아다니며 빛을 수놓아 어둠을 밝히지요. '같이'의 가치는 이토록 위대합니다.

 주변의 사람들과 서로의 재능을 존중하며 함께 발전해 나가세요. 빛나는 사람으로 인해 상대적으로 내가 어두워진다고 생각하기보다는, 세상이 그만큼 밝아지는 것이라 여겼으면 좋겠습니다. 부디 많은 이들이 더불어 살아갈 수 있기를 소망합니다.

곤충 박사의 비밀 수첩

- 위기에 처한 반딧불이는 독한 냄새가 나는 분비물을 뱉습니다.

#공생 #사회 #존중

베짜기 개미 | 세상에 쓸모없는 사람은 없다

베짜기 개미는 바느질의 대가입니다. 고치실로 나뭇잎을 엮어서 집을 만들지요. 집을 짓기 위해 일개미들은 나뭇잎을 당겨 모양을 만듭니다. 잎이 멀리 떨어져 있어도, 서로의 몸을 길게 이어서 잎을 끌어오지요. 그렇게 기본적인 모양이 완성되면 애벌레를 데리고 옵니다. 애벌레는 고치실이라는 천연 접착제를 분비하는데요. 일개미는 애벌레를 입에 물고, 잎 사이를 왔다 갔다 하며 잎들을 단단히 연결합니다. 이 과정을 계속 반복하여 동그란 구球 모양의 둥지를 완성하지요. 튼튼하고 방수도 되는 좋은 집이지만, 나뭇잎이 시들면 다시 지어야 한다는 번거로움이 있습니다.

집을 짓는 일처럼 중요한 일에는 일개미처럼 노련한 이들이 필요합니다. 하지만 만약 일개미만 있고 애벌레가 없었다면 집을 지을 수 있었을까요? 있는 힘을 다해 잎을 끌어모아 봤자, 고치실 없이는 잎을 고정하지 못했을 겁니다. 아직 세상에 대한 경험은 모자란 애벌레지만, 집을 짓는 데 충분히 훌륭한 조력자가 되지요.

베짜기 개미는 우리에게 존중의 중요성을 일깨워줍니다. 경험이 부족한 사람도 얼마든지 도움이 될 수 있음을 보여주지요. 보통 사회 경험이 부족한 새내기는 능력을 무시당하기 일쑤입니다. 하지만 이러한 새내기들이 선임들보다 뛰어난 능력이 한 가지 있습니다. 바로 유연한 사고력이지요.

모두 그런 것은 아니겠지만, 새내기는 선임에 비해 '인지적 구두쇠'의 성질이 약합니다. 인지적 구두쇠란 생각을 아낀다는 말입니다. 사람들은 대부분 생각보다는 직관을 이용해 간단히 판단하는 걸 선호하지요. 그리고 정보를 직접 찾아서 추론하기보다는, 고정 관념처럼 경험에 의존한 빠른 결정을 즐겨합니다. 그렇기 때문에, 일반적으로 경험이 많을수록 인지적 구두쇠의 성질이 증가하는 것입니다. 하지만 지식을 활발히 이용하지 않고, 그저 머릿속에 쌓아 두기만 하면 사고할 만한 여유가 생기지 않습니다. 새내기들은 경험이 부족한 탓에 더욱 자유로운 사고가 가능하지요. 하지만 선임들과 비교해 통합적인 사고력은 모자랍니다.

새내기와 선임 중에 어느 한쪽이 옳다는 말은 아닙니다. 각자의 장점을 알고 상호보완적으로 협력하면 좋다는 것이지요. 세상은 갈수록 빠르게 변화합니다. 베짜기 개미의 나뭇잎으로 만든 집이 시드는 속도보다 훨씬 빠르게 말이지요. 그러니 앞으로는 더욱 다양한 의견을 존중하고 치열하게 고민해야 할 것입니다.

곤충 박사의 비밀 수첩

- 베짜기 개미 중에 몸집이 큰 병정개미는 먹이를 구하는 일을 담당합니다.

#협력 #존중 #인지적구두쇠

DUNG BEETLE

쇠똥구리 | 선행은 자신에게 주는 선물이다

자연 속에는 수많은 분해자가 있습니다. 이들은 온갖 자연의 노폐물을 도맡아 처리하지요. 오직 똥만 전담하여 처리하는 곤충도 있습니다. 바로 쇠똥구리가 그 주인공이지요. 쇠똥구리는 이름처럼 소의 똥을 치우는 것으로 유명하지만, 사실 웬만한 똥은 모두 취급합니다. 뛰어난 소화력으로 똥에 남아있는 영양분을 흡수하며 살아가지요. 다만 똥에 포함된 영양분은 매우 적기 때문에, 많은 양을 섭취해야만 합니다.

그래서인지 쇠똥구리들은 한바탕 똥 쟁탈전을 벌이기도 합니다. 똥을 발견하자마자 정신없이 똥을 굴려 본인만의 장소로 가져가지요. 안

194

전한 장소에 다다르면 똥을 얌전히 땅에 묻습니다. 이렇게 묻은 똥은 좋은 식량이 되지요. 똥을 먹고 기력을 보충한 암컷은 짝짓기를 한 다음, 똥 안에 알을 낳습니다. 훗날 새끼는 똥 안에서 처음 세상을 맞이하지요. 새끼 쇠똥구리는 부모를 닮아 뛰어난 소화력으로 똥을 먹으며 점점 자라납니다. 간혹 똥 구슬에 구멍이 날 때면, 자신의 똥을 이용해 메꾸기도 합니다. 심한 건기가 찾아와 똥 구슬이 말라버리지 않는 이상, 쇠똥구리의 새끼는 무사히 밖으로 나올 수 있습니다. 쇠똥구리의 생애를 보면 뛰어난 생명력을 두말없이 인정하게 된답니다.

쇠똥구리는 본인의 이익을 위해 똥을 굴리지만, 다른 동식물에겐 더 없이 고마운 은인이지요. 쇠똥구리가 똥을 치워주는 덕분에 땅이 쾌적해지고 땅속도 비옥해지기 때문입니다. 쇠똥구리와 같은 사람들은 타인을 위한 선행이 곧 자신을 위한 것과 다름없음을 잘 알지요. 남을 도우면서 느끼는 기쁨과 보람은 돈을 주고도 결코 살 수 없는 귀한 가치입니다. 또한 자신이 누군가에게 없어서는 안 될 소중한 사람이라는 것을 깨달으며 자기 효능감까지 키울 수 있답니다. 냄새나는 똥도 쇠똥구리가 굴리면 새로운 생명이 태어나는 장소가 되듯, 여러분이 남을 위해 봉사한다면 열악한 환경에서도 기적이 피어날 수 있을 것입니다.

곤충 박사의 비밀 수첩

- 쇠똥구리는 똥 속에 있는 거친 섬유질을 분해하여 토양으로 환원시킵니다.

- 쇠똥구리는 그저 땅만 보고 움직이는 것 같지만, 알고 보면 거대한 기준점을 잡고 이동합니다. 낮에는 우리가 볼 수 없는 태양 광선을 기준 삼아 이동하며, 밤에는 은하수를 기준으로 방향을 잡는답니다.

- 어떤 식물은 똥과 비슷한 씨앗을 이용하여 쇠똥구리를 유인합니다. 쇠똥구리는 아무것도 모른 채 씨앗을 땅속에 묻어 주어 번식을 돕지요.

#선행 #자기효능감 #사회 #공생

집게벌레 | 돈이 없어도 남을 돕는 법

집게벌레는 이름처럼 배 끄트머리에 커다란 집게를 달고 다닙니다. 집게벌레는 다소 공격적인 외모와 달리, 의외로 따뜻한 모성애를 자랑합니다. 대부분의 곤충은 알을 낳고 그대로 방치하는 습성이 있습니다. 그 때문에 매우 많은 양의 알을 낳아도 아주 소수의 새끼만 살아남지요. 이에 비해 집게벌레는 알이 부화하고, 어느 정도 성숙해질때까지 직접 새끼를 보호합니다. 겨울의 혹독한 추위도 개의치 않고 곁을 지키지요. 심지어 새끼에게 자신의 몸을 먹이로 내어주기도 합니다.

집게벌레의 헌신은 새끼가 성숙해질 때까지 계속됩니다. 일시적인 도움에 그치지 않고, 새끼가 온전히 자립할 수 있을 때까지 기다려 주지요. 물고기를 잡아주는 것보다는 스스로 물고기를 잡을 때까지 지원해주는 셈입니다. 이는 정말 바람직한 형태의 봉사가 아닐까 싶습니다. 일시적인 구호에 그치지 않고 아예 구호가 필요치 않도록 성장을 도와주는 것이지요.

이와 비슷한 개념으로는 재능 기부가 있습니다. 사회적으로 가치가 있는 재주를 가르쳐줌으로써 자립할 수 있게 돕는 방식이지요. 물론 생존에 필요한 구호도 굉장히 중요합니다. 다만 원래 알고 있던 봉사라는 개념의 범위를 한번 넓혀보는 것도 좋답니다. 재능 기부에는 아주 특별한 매력이 있습니다. 바로 경제적인 형편이 마땅치 않아도 도움을 줄 수 있다는 점이지요.

돈이 마련되지 않았다면 값진 재능과 사랑을 선물하면 됩니다. 만약 구호 활동이나 재능 기부도 힘들다면, 그저 외로운 사람들의 곁에 있어만 주세요. 그들은 추운 겨울의 집게벌레처럼 여러분이 함께 있어 주는 것만으로도 큰 위안을 받을 것입니다. 집게벌레는 열악한 환경 속에서도 새끼의 성장에 지대한 도움을 줍니다. 부디 여러분도 주변 환경에 개의치 말고, 나눔의 기쁨을 느끼시길 바랍니다.

#봉사 #재능기부 #사랑 #모성애

파리

남을 헐뜯는 사람들의 특징

　우리 주변에서 흔히 보이지만 의외로 위험한 곤충이 있습니다. 바로 파리입니다. 파리는 음식물 쓰레기가 있는 곳이라면 빠지지 않고 존재감을 드러냅니다. 부패한 먹잇감에서 발생한 세균과 바이러스를 온몸으로 흡수하고는 부지런히 전파하지요. 특히 집파리는 다른 위생 해충들과는 달리, 날아다니기 때문에 막강한 전염력을 가집니다. 파리는 한 쌍의 날개로만 비행하는데요. 뒷날개(평형곤)는 퇴화하여 균형을 잡는 용도로 사용합니다. 참고로 절지동물의 눈(겹눈)은 수많은 낱눈이 모여 이루어져 있는데요. 집파리의 낱눈은 무려 4천 개에 달해서, 장애물을 매우 예민하게 감지하고 민첩한 움직임을 구사한답니다.

　파리가 쓰레기를 찾아 돌아다니는 모습처럼, 남의 꺼림직한 부분을 찾는 데 혈안인 사람들이 있습니다. 파리만큼 예민하게 신경을 곤두세우고 남의 단점을 찾는 데에 집중하지요. 그렇게 단점을 찾으면, 마치 전염병처럼 쥐도 새도 모르게 소문을 퍼뜨립니다. 파리 같은 사람들이 흉보는 대상은 대개 자신보다 우월한 조건의 사람인데, 그들의 험담을 하면서 자존감을 조금이나마 회복합니다. 이것은 나태하고 거만하기 그지없는 행동이지요. 남만큼 노력은 하기 싫지만, 남보다 우월해지고 싶은 마음이니까요. 그래서 자존감을 채우는 방법으로 남을 깎아내리면서 본인을 괜찮은 사람으로 만드는 것을 택합니다.

이런 식으로 남을 깎아내리는 사람들은 날개가 한 쌍밖에 존재하지 않습니다. 험담을 실어 나르는 데는 그다지 많은 힘이 필요치 않으니까요. 다만, 한 쌍의 날개로 멋진 비행을 하거나 큰 일감을 다루는 것은 힘들 것입니다. 그러니 부디 질투에 얽매이지 말고, 타인의 우월함을 좋은 동기 부여로 사용해 보세요.

곤충 박사의 비밀 수첩

- 파리는 배 속에서 알을 부화시켜 낳는 '난태생' 입니다. 어미의 배 속에서 태어난 구더기는 번데기의 과정을 겪은 뒤 성충이 됩니다.
- 파리는 소화 효소를 분비하여 먹이를 액체 상태로 만든 후 섭취합니다.
- 파리는 앞다리를 비벼서 물체에 달라붙기 적당한 습기를 유지하고 이물질을 청소합니다.

#관계 #열등감 #언행 #인과응보

BOMBARDIER BEETLE

폭탄먼지벌레 | 가장 통쾌하게 복수하는 법

우리는 일상 속에서 다양한 방귀를 접합니다. 소리는 작지만 냄새가 지독한 방귀부터, 소란스럽기만 하고 냄새는 미미한 방귀까지 그 종류가 다양하지요. 남이 뀐 방귀는 우리의 신체에 외상을 가하지는 않지만, 왠지 거리를 두고 싶어집니다. 그런데, 사람뿐 아니라 곤충도 그러한가 봅니다. 아무도 폭탄먼지벌레를 좀처럼 공격하려 하지 않지요. 폭탄먼지벌레는 무시무시한 방귀를 무기로 사용합니다. 무려 100도에 달하는 뜨거운 방귀를 뿜어, 포식자들을 쫓아내지요.

이 위력적인 방귀의 비결은 배 속에 있습니다. 폭탄먼지벌레의 배 속에는 두 개의 방이 있는데요. 여기에는 각각 화학 물질과 효소가 저장되어 있습니다. 그리고 위급 상황이 되면 이 두 가지가 섞여 어마어마한 화학 반응을 일으키지요. 폭발음이 일 정도의 엄청난 열과 악취로 천적을 제압합니다. 방귀의 위력은 작은 곤충들은 즉사에 이를 정도로 강력하지요. 심지어 사람에게도 화상을 입히기에 충분합니다. 폭탄먼지벌레는 우리나라에도 널리 서식하고 있으니, 혹시 마주치면 섣불리 만지지 않도록 조심하는 것이 좋겠습니다.

우리 모두는 누가 뭐라 할 것 없이 소중한 사람들입니다. 남에게 피해만 끼치지 않는다면 외모, 성격, 재산을 불문하고 모두 존중받을 자격이 충분하지요. 하지만 살다 보면 이유 없이 여러분을 무시하는 사람이 등장하기 마련입니다. 게다가 좋게 대화로 풀려고 해도, 가소롭다는 듯한 포식자의 태도를 보이기도 합니다.

이럴 때, 여러분이 선택할 수 있는 방법은 하나뿐입니다. 무시당하지 않도록 실력을 키우는 것입니다. 여러분이 자기 분야에서 성공을 거둔다면, 그 사람은 여러분을 만만하게 보았던 만큼 큰 충격을 받을 겁니다. 그러니 근거 없는 비난에 대응할 힘을 아껴서 자신을 더욱 발전시키세요. 목적 없이 일하며 땀만 흘리거나, 무시 받는 것이 억울해 눈물만 흘린다면 아무런 소용이 없습니다. 온전히 여러분의 목표를 위해 고군분투하며 흘리는 땀과 눈물만이 서로 반응하여 커다란 위력을 발휘할 것입니다.

곤충 박사의 비밀 수첩

- 폭탄먼지벌레는 방귀를 뀌면서 짧은 폭발을 빠르게 많이 발생시킵니다. 하지만 폭발 시간이 짧아서 자기 자신은 폭발열로부터 안전하다고 해요.

#관계 #무시 #노력

곤 충 류

해골박각시나방 | 가짜 친구를 구별하는 법

등에 해골과 비슷한 문양을 가진 곤충을 아시나요? 그 정체는 바로 해골박각시나방입니다. 해골박각시나방은 음산한 밤이 되면, 수상한 움직임을 보입니다. 난데없이 벌의 행동을 흉내 내기 시작하는 건데요. 심지어는 벌이 내뿜는 화학 물질까지도 모방하여, 컴컴한 곳에서는 영락없이 벌처럼 느껴집니다. 해골박각시나방이 이런 행동을 하는 이유는 바로 꿀을 훔쳐먹기 위해서입니다. 이들은 벌들을 속인 다음, 몰래 벌집에 들어가 꿀을 훔치지요. 만약 훔치는 도중에 들켰을 때는 불쾌한 냄새를 내뿜으며 도망칩니다. 벌들에게 일말의 미안함도 없는 뻔뻔한 행동이지요.

평상시에는 아무 연락이 없다가도, 필요할 때만 도움을 요청하는 사람들이 있습니다. 이들은 도움이 될 만한 사람들에게 친구 흉내를 내며 접근합니다. 그리고 슬며시 이익을 취하려고 하지요. 단순히 금전을 요구하기도 하고, 일방적으로 감정적인 불만을 털어내기도 합니다. 반면 본인의 이익과 상관없는 일에는 전혀 신경을 쓰지 않지요. 해골박각시나방의 해골 무늬처럼 감정이 메마른 그들에게 진심 어린 응원과 위로를 바라는 건 지나친 욕심일 겁니다. 만약 참다못해 그들의 이기심을 지적이라도 하면, 독한 말을 내뱉으며 떠나가 버립니다. 그간의 행실을 정 하나로 눈감아준 것도 모르고 뻔뻔하게 제 갈 길을 가지요.

그래도 미운 정이 들었는지, 약간의 아쉬움이 느껴지기도 합니다. 인간관계가 그리 넓지 않은 사람이라면 더욱 큰 공허함을 느낄 수 있지요. 하지만 명심하세요! 이기적인 심보를 가진 친구가 많을수록, 여러분의 마음은 더욱 가난해집니다. 벌집 속에 해골박각시나방이 가득해 봤자 벌집은 더욱더 초라해질 뿐이지요. 꿀을 가져다주지 않는 해골박각시나방은 벌집에 꿀이 떨어지는 즉시 자리를 뜰 것입니다. 결국 아무것도 남지 않지요.

인간관계 정리를 망설이지 마세요. 그들이 곁에 있으면서 두고두고 여러분에게 끼칠 피해에 비하면, 헤어짐의 아쉬움은 창해일속滄海一粟일 뿐입니다. 즉, 여러분의 눈물로 가득 찰 넓고 큰 바다滄海에 비해 이별은 좁쌀 하나—粟의 손해에 지나지 않습니다. 여러분에게 주어진 소중한 삶을 위해, 그리고 진짜로 소중한 사람을 위해 용기를 발휘해 보세요.

#인간관계 #위선

호랑거미 | 관계 속에서 나를 지키는 법

호랑거미는 노란색과 검은색이 어우러진 줄무늬가 마치 호랑이의 가죽과 닮았습니다. 게다가, 거미계의 호랑이라고 불러도 손색없을 만큼 큰 덩치를 자랑하기도 하지요. 호랑거미는 겉모습 못지않게 거미줄의 모양도 특이하기로 유명합니다. 거미줄의 가운데에 갈 지之자 모양의 흰무늬를 새기지요. 본인의 개성을 표현하기 위함일 수도 있겠습니다만, 최근 이 특이한 무늬의 정체에 대해 그럴듯한 가설이 제기되었습니다. 바로 조류의 충돌로부터 거미줄을 보호하는 장치라는 것인데요.

미국 듀크대학교의 생물학자 엘레노 케이브스가 진행한 연구 내용은 상당히 흥미롭습니다. 연구 결과에 따르면, 곤충은 가까이서도 이

무늬를 보지 못하지만, 조류들은 2미터 밖에서도 뚜렷하게 볼 수 있다고 합니다. 결국, 곤충은 거미줄에 걸리도록 유도하고 조류는 걸러내는 아주 영리한 장치라고 할 수 있지요.

이처럼 호랑거미는 아주 조심성이 많은 곤충입니다. 수컷 호랑거미의 행동을 보면 납득이 되지요. 암컷은 공격성이 짙고, 시력도 안 좋아서 거미줄에 걸린 곤충을 무작정 사냥하려 듭니다. 그래서 짝짓기를 원하는 수컷은 죽음을 염두에 두고 암컷 거미에게 접근하지요. 그런데 이때, 수컷은 거미줄을 세차게 흔들며 암컷에게 접근합니다. 암컷은 진동이 클수록 먹잇감에 느리게 반응하기 때문에, 수컷은 계속 줄을 흔들며 시간을 번답니다. 짝짓기가 끝날 때까지 진동을 멈추지 않지요. 이다지도 조심스러운 곤충이 또 있나 싶습니다.

세상에는 호랑거미와 같은 사람들이 있습니다. 호랑거미의 외형처럼 매우 호방한 인상을 풍기지요. 이들은 처세에도 매우 유능한 모습을 보입니다. 상황에 따라 부드럽거나 단호한 태도를 보이며, 예의와 자존심을 모두 지켜내지요. 이들의 비법은 간단하면서도 어렵습니다. 상대가 자존감을 해하려고 들면, 신속하게 불편함을 드러내어 방어하는 것이죠. 항상 진지한 상태를 보이는 것이 아니라, 무례한 상황에만 정색으로 대응하는 게 원칙입니다. 마치 호랑거미의 거미줄처럼, 자신에게 도움이 되는 것(좋은 말)은 받아들이고 그렇지 않다면 정중히 거절하지요. 불쾌함을 최대한 점잖게 표현하는 것도 일이겠지만, 더욱더 어려운 건 당당한 마음가짐을 갖는 것입니다.

예로부터 유교 문화가 뿌리 깊게 자리 잡은 한국 사회에서는 겸손을 당연한 미덕으로 여깁니다. 감정을 적극적으로 드러내는 사람보다, 가만히 참는 사람이 더 훌륭한 인품을 가졌다고 평가하지요. 이러한 사회 분위기에서 자라온 우리가 감정 표현에 서투른 것은 당연합니다. 하지만 우리는 깨달아야 합니다. 호랑거미 같은 사람들이라고 해서 처음부터 당당하진 않았다는 사실을요. 그들도 우리와 똑같이 당했었지만, 그때마다 조금씩 자존감에 갑옷을 입혀나갔을 뿐입니다. 호의가 계속되면 권리인 줄 안다는 어느 명대사처럼, 사람들은 익숙함에 속아 관계의 소중함을 잊곤 합니다. 이는 공적인 관계뿐만 아니라 친구나 가족까지도 예외 없이 적용됩니다. 그래서 때로는 호랑거미처럼 힘차게 관계의 끈을 흔들어 존재감을 각인시켜주어야 원만한 관계를 이어나갈 수 있습니다.

선한 태도를 가지는 것이 잘못되었다는 뜻은 아닙니다. 여러분의 선함을 이용하는 이들을 분별할 필요가 있다는 말이지요. 단순히 인격을 모독하는 것만 문제는 아닙니다. 타인을 향한 어설픈 조언이나 덕담도 상당한 고충이지요. 당사자를 충분히 알지 못한 상태로 내뱉는 터무니 없는 조언은 되려 악언이 되어 마음에 생채기를 냅니다. 언젠간 도움이 되리란 생각으로 하나둘 쌓아 놓다 보면, 당사자의 마음은 먹이의 무게를 이기지 못한 거미줄처럼 힘없이 무너지고 말지요. 필요한 순간에는 반드시 용기를 내어 스스로의 마음을 돌보세요. 그리고 오랫동안 튼튼한 마음의 거미줄을 유지하길 바랍니다. 여러분은 여러분만이 지킬 수 있습니다.

곤충 박사의 비밀 수첩

- 환경부의 통계에 따르면, 우리나라에서는 연간 약 8백만 마리의 조류가 건물에 충돌하여 폐사합니다. 이를 막기 위해 환경부에서는 투명한 조형물이나 건물의 외벽에 충돌 방지 조치를 의무화하는 법안을 추진하고 있지요. 새는 거리감을 파악하는 데 서투르기 때문에, 투명창을 뚫린 공간으로 인식하는데요. 새의 몸집보다 작고 일정한 패턴을 표시해 놓으면 효과적으로 충돌을 막을 수 있답니다.

- 호랑거미과의 긴호랑거미는 짝짓기 후 수컷이 자신의 생식기를 잘라 암컷의 몸에 남겨놓습니다. 생식기를 자르면 다신 짝짓기를 할 수 없다는 단점이 있지만, 암컷이 다른 수컷과 짝짓기하는 것을 막음으로써 자신의 유전자를 남길 확률이 높아진답니다.

#자존감 #대화 #관계 #분쟁

황제나방 | 무례는 무시로 답하라

변온 동물은 주변 온도에 따라 체온이 변합니다. 온기를 생성하는 능력이 부족해서, 추운 겨울에는 활동을 쉬고 겨울잠을 자지요. 반면 인간과 같이 체온을 일정하게 유지하는 정온 동물은 열을 보존하기 위해 털을 가지고 있습니다. 하지만 양배추나무 황제나방(이하 황제나방)은 변온 동물임에도 털을 가지고 있습니다. 도대체 어떤 목적으로 털을 가지고 있는 걸까요?

영국 브리스틀대학교의 마크 홀더레드 박사 연구팀은 황제나방이 가진 털의 용도에 대해 알아보았습니다. 그 결과, 황제나방의 털은 천적인 박쥐로부터 몸을 숨겨 주는 역할을 하는 것으로 밝혀졌습니다. 사실 황제나방의 천적으로 꼽히는 박쥐는 눈이 매우 나빠서, 시력 대신 초음파를 이용해 먹잇감을 찾아내지요. 박쥐는 초음파를 쏜 후, 반사되는 파동을 감지해 먹잇감의 위치를 파악한답니다. 하지만, 황제나방의 날개에 돋아난 미세한 털들은 초음파를 아예 흡수해 버리기 때문에 반사되지 않습니다. 그로 인해 박쥐는 먹잇감이 없다고 인식하고, 황제나방은 목숨을 건질 수 있지요. 정말 대단하기 짝이 없습니다.

황제나방에게 박쥐란 참으로 성가신 존재입니다. 사방팔방에 초음파를 쏴대며 여기저기 들쑤시고 다니니, 도망 다니느라 정말 귀찮겠지요. 쫓기는 게 싫어서 반항이라도 했다가는 더한 봉변을 당할 뿐입니다. 잠자코 초음파를 흡수해서 박쥐가 지나가기를 바라는 게 최선의 방책이지요.

우리 주변에도 가만히 있는 사람을 괜히 건드는 박쥐 같은 존재가 있습니다. 그들은 어떻게든 트집을 잡아 남을 괴롭히는 걸 좋아하지요. 이들에게 놀림을 당한다면 어떻게 대응하는 것이 좋을까요? 정답은 바로 대응을 하지 않는 겁니다. 마치 황제나방의 초음파를 흡수하듯, 그들의 행동에 아무런 반응을 보이지 마세요. 화내거나 펑펑 울고 싶더라도 참아야 합니다. 감정이 격해지면 자칫 후회할 만한 실수를 저지를 수 있기 때문이지요.

무엇보다, 감정적인 대응은 그들에게 힘을 실어줄 수 있습니다. 피해자가 적극적으로 나올수록, 가해자 또한 상황을 지배하고픈 욕구를 느끼는 경우도 있지요. 그러므로 최대한 감정을 절제하고, 시큰둥한 반응을 보여야 합니다. 귀찮다는 듯한 제스처만 취하고 다른 일에 집중해 보세요. 무례에는 무시가 정답입니다. 세상의 그 어떤 사람도 다른 이에게 무례하게 굴 수 있는 자격은 없습니다. 여러분은 황제처럼 귀중히 대접받아야 마땅한 사람이니, 상대의 무례함에 체념하는 마음은 멀리하시길 바랍니다.

#무례함 #대인관계

곤충에게 배우는 삶의 지혜
– 곤충 관련 속담

굼벵이가 지붕에서 떨어지는 것은 매미 될 셈이 있어 떨어진다

아직 쓸만한 재주가 없어도 부단히 노력하면 언젠가 꿈을 펼칠 것이라는 응원의 말입니다.

모기보고 칼 빼기

자잘한 일에도 화를 내는 사람을 일컫는 말입니다. 사소한 일에 지나치게 대비하는 때에도 쓰이지요.

송충이는 솔잎을 먹어야 산다

자신의 분수를 알고 그에 맞게 살라는 뜻입니다.

개미 쳇바퀴 돌듯 한다

끝을 모르고 맴도는 개미 행렬과 같이, 좀처럼 발전하지 못하는 상황을 말합니다.

굼벵이도 구르는 재주가 있다

아둔해 보이는 사람도 본연의 재주가 있으니, 절대 겉보기로 판단하지 말라는 뜻입니다.

개털에 벼룩 끼듯

벼룩만큼이나 보잘것없는 사람이 염치없이 한몫 끼어들 때 비꼬는 말입니다.

모기 다리에서 피 뺀다

어려운 처지의 사람을 갖은 방법으로 모질게 괴롭힐 때 쓰는 말입니다.

말에 실었던 것을 벼룩 등에 실을까

어리숙한 사람에게 큰 일을 맡길 수는 없다는 뜻입니다.

개미가 정자나무 건드린다

약한 사람이 강한 사람에게 당당히 맞설 때 쓰는 말입니다.

벌도 법이 있지

곤충들에게도 질서가 있는데, 사람들에게 없으면 되겠냐는 말입니다. 즉, 어수선한 상황을 나무라는 표현이랍니다.

산 사람 입에 거미줄 치랴

살아있는 사람은 어떻게든 먹고살 궁리를 해 나간다는 말입니다.

거미줄로 방귀 동여맨다 한다

힘없는 거미줄로 보이지 않는 방귀를 맨다고 하는 것처럼, 일을 성의 없이 대충하는 모습을 꾸짖는 말입니다.

벼룩의 간(선지)을 내먹지

작은 일로부터 당치도 않은 큰 이익을 취하려는 이를 비난하는 말입니다.

모기도 낯짝이 있지

매우 뻔뻔한 사람을 이르는 말입니다.

노는 손에 이 잡는다

허송세월하는 것보다는 무엇이라도 하는 게 낫다는 말입니다.

개미 구멍으로 공든 탑 무너진다

자그마한 실수가 큰 손해를 불러올 때 쓰는 말입니다.

메뚜기도 유월이 한창이다

모든 것엔 전성기가 있으니, 성공했다고 안일한 태도를 가지지 말고 나중을 대비하라는 말입니다.

거미도 줄을 쳐야 벌레를 잡는다

어떠한 성과를 내기 위해서는 그만한 준비를 해야 한다는 말입니다.

개미가 떼 지어 이사를 하면 비가 온다

개미는 습도에 예민해서 저기압이 되면 미리 안전한 지역으로 대피합니다. 따라서, 개미의 대이동을 보면 비가 올 것을 얼추 예상할 수 있다는 뜻이지요.

모기도 모이면 천둥소리 난다

어쭙잖은 사람들도 모이면 큰 업적을 이룰 수 있다는 말입니다.

번데기 앞에서 주름 잡는다

자신보다 유능한 사람 앞에서 잘난 체 하지 말고 겸손하라는 뜻입니다.

줄 따르는 거미 같다

언제 어디서나 함께하는 사람들을 두고 하는 말입니다.

굼벵이도 밟으면 꿈틀한다

만만해 보이는 사람일지라도 얕잡아 보지 말라는 뜻입니다.

구더기 무서워 장 못 담글까

사소한 일로 방해받더라도 개의치 말고 본업에 집중하라는 뜻입니다.

맺 음 말

　머리말에서처럼 맺음말에서도 문제를 하나 드리겠습니다. 세상에서 가장 위험한 기생충은 과연 무엇일까요? 힌트를 드리자면, 이 책에 나오지 않았으며 두 글자입니다. 생존력이 매우 강하여 아직까지 이 곤충을 완전히 박멸하는 방법이 나오지 않았다고 해요.

　정답은 바로… '대충'입니다. 이번에는 난센스 퀴즈였다고 미리 말씀드릴 걸 잘못했군요. '대충'은 우리의 정신 속에 서식하는 기생충입니다. 이 곤충이 무서운 이유는 우리가 눈치채지 못하게 삶을 서서히 파괴하기 때문입니다. 일반적인 기생충은 우리의 신체 기능을 훼손함으로써 기생충의 존재가 뚜렷이 드러납니다. 그래서 신속하게 치료를 할 수 있지요. 하지만 '대충'은 신체 기능을 건드리지 않습니다. 오로지 정신적인 부분에만 기생하여 발견하기가 힘들지요. '대충'은 우리의 끈기와 열정을 갉아먹으며 삶을 서서히 망가뜨립니다.

　여러분은 어떻게 생각하실지 모르겠지만 저는 건강이 안 좋은 것보다 열정이 없는 삶이 더욱 고통스럽다고 생각합니다. 최선을 다하지 않아 발전하지 않는 삶 속에서 무기력과 절망감을 느끼며 사는 건 정말 끔찍하지요. '대충'에 감염된 사람들은 대충하더라도 오랜 시간을 임하면 성공할 거라고 믿습니다. 하지만 세상은 그렇게 단순하지 않습니다. 아무리 오랜 시간 동안 99도를 유지해봤자 물은 끓지 않습니다. 물이 100도가 되었을 때 끓기 시작하듯 세상 일도 같은 이치를 따릅니다.

부디 오해 말아 주세요. 무조건 일에만 매진하라는 뜻이 아닙니다. 흔히 어른들이 하는 말처럼, 할 땐 확실히 하고 쉴 땐 확실히 쉬는 게 좋다는 것이지요. 이 책에 나오는 수많은 곤충들처럼 말입니다. 애매한 노력은 안 하는 것과 마찬가지입니다. 차라리 안 하면 미련이라도 없지, 애매하게 노력하면 아쉬움은 물론이고 자책감에 시달립니다. 그러니 노력하는 것도 아니고 쉬는 것도 아닌 애매한 상태를 조심하세요.

삶의 목표를 확실하게 설정하고, 순간순간 최선을 다하는 삶을 사세요. 지칠 때면 여러분의 주변에서 묵묵히 최선을 다하는 곤충들을 바라보며 작은 용기를 얻길 바랍니다.

송태준 작가 올림

참 고 자 료

도서

- 고영성 외 지음, 「뼈 있는 아무말 대잔치」, 로크미디어, 2018
- 고영성 외 지음, 「완벽한 공부법」, 로크미디어, 2017
- 고영성 외 지음, 「일취월장」, 로크미디어, 2017
- 권오길 지음, 「별별 생물들의 희한한 사생활」, 을유문화사, 2017
- 권혁웅 지음, 김수옥 외 1명 그림, 「꼬리 치는 당신」, 마음산책, 2013
- 김명철 외 지음, 「하천생태계와 담수무척추동물」, 지오북, 2013
- 김시준 외 3명 지음, 「EBS 다큐프라임 짝짓기」, MID, 2015
- 김태우 외 지음, 고상미 그림, 「알고 보면 더 재미있는 곤충이야기」, 뜨인돌어린이, 2006
- 김태우 지음, 「곤충, 크게 보고 색다르게 찾자!」, 자연과 생태, 2010
- 동민수 지음, 「한국개미」, 자연과 생태, 2017
- 레오 그라세 지음, 김자연 옮김, 「쇠똥구리는 은하수를 따라 걷는다」, 클, 2018
- 리처드 도킨스 지음, 「리처드 도킨스의 진화론 강의」, 옥당, 2016
- 멜 로빈스 지음, 정미화 옮김, 「5초의 법칙」, 한빛비즈, 2017
- 스티브 기즈 지음, 구세희 옮김, 「습관의 재발견」, 비즈니스북스, 2014
- 신동호 지음, 「한국의 과학자 33인」, 까치, 1999
- 아울북 초등교육연구소 외 지음 「교과서가 쉬워지는 체험학습 (과학편)」, 아울북, 2013
- 안네 스베르드루프-튀게손 지음, 소은영 옮김, 「세상에 나쁜 곤충은 없다」, 웅진지식하우스, 2019
- 에드워드 윌슨 지음, 이한음 옮김, 「지구의 정복자」, 사이언스북스, 2013
- 위르겐 타우츠 지음, 유영미 옮김, 「경이로운 꿀벌의 세계」, 이치사이언스, 2009

- 이수영 지음, 「생생한 우리아이 호기심을 키워주는 곤충백과」, 글송이, 2006
- 이화여대 자연사박물관 지음, 「동물의집」, 이화여자대학교 출판부, 2000
- 임문순 지음, 「거미의 세계」, 다락원, 1999
- 제임스 클리어 지음, 이한이 옮김, 「아주 작은 습관의 힘」, 비즈니스북스, 2019
- 조영권 지음, 「벌레만도 못하다고?」, 자연과 생태, 2009
- 최재천 지음, 「개미제국의 발견」, 사이언스북스, 2014
- 최재천 지음, 「생명이 있는 것은 다 아름답다」, 효형출판, 2000
- 코치알버트 외 지음, 「잘되는 사람은 무엇이 다른가」, 유아이북스, 2019
- 한영식 지음, 「꿈틀꿈틀 곤충 왕국」, 사이언스북스, 2014
- 한영식 지음, 「작물을 사랑한 곤충」, 들녘, 2011
- 후지이 가즈미치 지음, 염혜은 옮김, 「흙의 시간」, 눌와, 2017

기사

- 〈'괴물 개미'의 사냥법…용수철 달린 위턱 시속 80km로 '철컥'〉, 한겨레, 2017년 9월 5일
- 〈4000km 제왕나비 이동, 미국-멕시코 국경장벽도 못 막는다〉, 중앙일보, 2019년 2월 9일
- 〈거미줄을 연처럼 띄우는 거미는?〉, 사이언스타임즈, 2018년 7월 2일
- 〈소리 흡수하는 나방의 스텔스 기술… '층간소음' 해결책 될까〉, 서울신문 나우뉴스, 2018년 11월 10일

웹사이트

- 동아사이언스, http://dongascience.donga.com/
- 한겨레 환경생태 전문 웹진, http://ecotopia.hani.co.kr/

마음 습관이 운명이다

- 미즈노 남보쿠 지음 | 화성네트웍스 옮김 | 안준범 감수
- 자기계발 / 처세
- 국판
- 정가 14,000원

관상학의 대가, 미즈노 남보쿠는 사람의 운명이 음식에 달렸다고 말한다. 음식에 대한 절제를 최우선으로 하여 이를 잘 다스린다면 인생을 바꿀 수 있다는 주장이다. 자제력의 힘을 통해 성공의 비법을 풀어냈다.

신화로 읽는 심리학

- 리스 그린, 줄리엣 샤만버크 지음 | 서경의 옮김
- 심리 / 인문
- 신국판
- 정가 15,000원

그리스·로마 신화부터 히브리, 이집트, 켈트족, 북유럽 신화 등 총 51가지 신화를 소개한다. 인간의 성장 과정에 맞춰 내용을 구성하였고, 신화에 담긴 교훈을 심리학적인 면에서 살펴보았다.

내 안의 겁쟁이 길들이기

- 이름트라우트 타르 지음 | 배인섭 옮김
- 자기계발 / 심리
- 신국판
- 정가 13,500원

남의 시선을 두려워하는 사회 불안 증세는 우리 사회에 만연해 있다고 해도 과언이 아니다. 이 책에는 심리 치료사이자 독일의 유명 무대 연주자가 쓴 무대 공포증 정복 비법이 담겼다.

돈, 피, 혁명

- 조지 쿠퍼 지음 | PLS번역 옮김 | 송경모 감수
- 경제학 / 교양 과학
- 신국판
- 정가 15,000원

과학과 경제학 상식이 융합된 독특한 책이다. 전반적으로 혼란했던 과학혁명 직전의 시기를 예로 들어 경제학에도 혁명이 임박했음을 이야기한다. 더불어 최근의 글로벌 경제 위기를 타개하기 위한 아이디어도 제시했다.

내 안의 마음습관 길들이기

- 바톤 골드스미스 지음 | 김동규 옮김
- 인문 / 심리 / 자기계발
- 신국판
- 정가 13,800원

미국을 대표하는 심리치료사 바톤 골드스미스 박사가 자신감이 부족한 이들을 위한 조언을 들려준다. 마음을 다스리고, 원활한 사회 생활을 할 수 있는 방법이 구체적으로 제시되어 있다.

엄마의 감정수업

- 나오미 스태들런 지음 | 이은경 옮김
- 육아 / 자녀교육
- 신국판
- 정가 14,800원

저자는 이상론에만 사로잡힌 기존 육아서의 한계를 지적한다. 육아 분야 베스트셀러 작가이자 심리치료사인 저자가 운영하는 토론 모임에서 나왔던 많은 엄마들의 사례가 공감을 불러일으킨다.

망할 때 깨닫는 것들

- 유주현 지음
- 경제경영 / 창업
- 국판
- 정가 13,500원

사업 실패 경험이 있는 저자가 알려주는 '창업 정글에서 살아남는 법'에 관한 이야기다. 창업자, 창업 준비자들에게 삭막한 현실을 독설 형태로 풀어 썼다. 현재 실적보다 미래 생존이 중요하다는 뼈아픈 조언이 담겼다.

희망을 뜨개하는 남자

- 조성진 지음
- 자기계발 / 경제 · 경영
- 신국판
- 정가 14,000원

공병호, 김미경, 최희수 등 자기계발 분야 권위자들이 추천하는 감동 휴먼 스토리이자 특별한 성공 노하우가 담긴 자기계발서다. 거창한 성공담이 아닌 가진 것 없던 보통 사람의 경험이 글에 녹아 있다.

마음을 흔드는 한 문장

- 라이오넬 살렘 지음 | 네이슨 드보아, 이은경 옮김
- 경영 · 경제 / 마케팅
- 신국판
- 정가 20,000원

2200개 이상의 광고 카피를 분석하면서 글로벌 기업들의 최신 슬로건을 정리했다. 전설적인 슬로건이 탄생하기까지의 과정과 왜 그것이 명작인지 이유를 설명한다.

왜 세계는 인도네시아에 주목하는가

- 방정환 지음
- 비즈니스 / 경영
- 신국판
- 정가 14,000원

언론인 출신 비즈니스맨인 저자가 직접 인도네시아에서 발로 뛰며 얻은 생생한 정보와 이야기를 담았다. 인도네시아의 경제, 문화, 사회 전반에 대해 알기 쉽게 다루어서 변화의 중심에 있는 인도네시아를 한눈에 보여준다.

량원건과 싼이그룹 이야기

- 허전린 지음 | 정호운 옮김
- 경제 / 경영
- 신국판
- 정가 14,500원

중국 최고의 중공업기업 '싼이그룹'과 '량원건 회장'에 대한 이야기다. 허름한 용접공장에서 시작된 싼이그룹이 어떻게 중국 최고의 기업이 되었는지를 분석했다.

회사 살리는 마케팅

- 김새암, 김미예 지음
- 경제 · 경영 / 마케팅
- 4 · 6판
- 정가 13,800원

스토리텔링 형식으로 마케팅 이야기를 풀어나가면서 마케팅의 현장을 생생하게 보여준다. 조직의 어떤 부분이 바뀌고, 어떻게 움직여야 성공적인 마케팅으로 이끌 수 있는지 저자들의 살아있는 제안이 눈길을 끈다.

임원보다는 부장을 꿈꿔라

- 김남정 지음
- 자기계발 / 직장생활
- 신국판
- 정가 14,000원

대한민국에서 가장 치열한 분위기의 직장이라 할 수 있는 삼성전자에서 30년을 근속한 저자가 사회생활의 요령에 대해 논하는 책이다. 직장에서 인간관계는 승진과 앞으로의 직장생활을 좌우할 만큼 중요하다는 주장이다.

시니어 마케팅의 힘

- 전우정, 문용원, 최정환 지음
- 마케팅 / 경영
- 신국판
- 정가 14,000원

기존의 시니어 마케팅을 분석하고 요즘 트렌드에 발맞춰 새로운 마케팅 전략을 제시한 책이다. 마케팅 전문가 3인의 명쾌한 설명을 통해 시니어 마켓의 전망과 대책을 쉽게 파악할 수 있다.

져도 이기는 비즈니스 골프

- 김범진 지음
- 비즈니스 / 자기계발
- 국판
- 정가 13,500원

이 책은 일반 골프와는 또 다른 비즈니스 골프에 대해 이야기한다. 비즈니스 세계의 갑과 을의 위치에서 골프를 경험한 저자의 여러 사례가 녹아 있다. 이 책은 매너 골프를 즐기고자 하는 이들에게 충실한 가이드가 될 것이다.

반성의 역설

- 오카모토 시게키 지음 | 조민정 옮김
- 인문 / 교육 / 사회
- 국판
- 정가 13,800원

저자는 교도소에 수감 중인 수형자를 교정·지도하고 있는 범죄 심리 전문가다. 그는 수감자와의 상담을 통해 반성의 역설적인 면을 폭로한다. 나아가 진정한 반성이 무엇인지에 대한 고찰까지 담고 있다.